SCHRIFTENREIHE DER INSTITUTE FÜR MATHEMATIK

BEI DER DEUTSCHEN AKADEMIE DER WISSENSCHAFTEN ZU BERLIN

Herausgeber: Heinrich Grell, Josef Naas, Achilles Papapetrou, Hans Reichardt, Willi Rinow, Erhard Schmidt†, Kurt Schröder

In der Schriftenreihe sind bisher erschienen:

Heft 1: Der Begriff des Raumes in der Geometrie — Bericht von der Riemann-Tagung des Forschungsinstituts für Mathematik. *Mit Beiträgen von 28 Autoren, herausgegeben von* J. NAAS *und* K. SCHRÖDER.

Heft 2: Lösung der allgemeinen Randwertprobleme für eindimensionale gedämpfte Wellen bei harmonischem Zeitgesetz *von* KARL BORKMANN *und* SIEGFRIED OBERLÄNDER.

Heft 3: Die eindeutige Bestimmung allgemeiner konvexer Flächen *von* A. W. POGORELOW.

Heft 4: Bemerkungen über die Stabilitätsuntersuchungen der Wirbelstraßen *von* BL. DOLAPTSCHIEW.

Heft 5: Die Verbiegung konvexer Flächen *von* A. W. POGORELOW.

Heft 6: Einführung in die Theorie stationärer Zufallsfunktionen *von* A. M. JAGLOM.

Heft 7: Tabellen von Exponentialfunktionen und -Integralen zur Anwendung auf Gebieten der Thermodynamik, Halbleitertheorie und Gaskinetik *von* SIEGFRIED OBERLÄNDER.

Heft 8: Konstruktion ganzer, rationaler und reeller Ordinalzahlen und die diskontinuierliche Struktur der transfiniten reellen Zahlenräume *von* DIETER KLAUA.

Heft 9: Über eine Bewertungstheorie der Algebren und ihre Bedeutung für die Arithmetik *von* HERBERT BENZ.

Heft 10: Qualitative Methoden beim n-Körperproblem der Himmelsmechanik *von* H. F. CHILMI.

Heft 1—7 erschienen innerhalb der Schriftenreihe des Forschungsinstituts für Mathematik bei der Deutschen Akademie der Wissenschaften zu Berlin.

HEFT 10 DER SCHRIFTENREIHE
DER INSTITUTE FÜR MATHEMATIK

H. F. CHILMI

QUALITATIVE METHODEN BEIM n-KÖRPERPROBLEM DER HIMMELSMECHANIK

Vom Autor durchgesehene und ergänzte Übersetzung.

Herausgegeben von

J. O. FLECKENSTEIN, BASEL

Mit 4 Abbildungen und 1 Tabelle

AKADEMIE-VERLAG · BERLIN
1961

Г. Ф. Хильми

Качественные методы в проблеме *n* тел

mit einem Anhang aus:

Г. Ф. Хильми

Проблема *n* тел в небесной механике и космогонии

Erschienen im Verlag der Akademie der Wissenschaften der UdSSR, Moskau 1958 bzw. 1951.

Übersetzung aus dem Russischen: Viktor Abalakin, Odessa

Institut für reine Mathematik, Berlin W 8, Otto-Nuschke-Straße 22/23

Erschienen im Akademie-Verlag GmbH, Berlin W 8, Leipziger Straße 3–4

Lizenz-Nr. 202 · 100/495/61

Satz und Druck: Druckhaus „Maxim Gorki", Altenburg, Bez. Leipzig

Bestellnummer: 2069/10

Preis: DM 23.–

Printed in Germany

ES 18 D 2

ES 19 B 1

VORWORT ZUR DEUTSCHEN AUSGABE

Als anläßlich der X. Generalversammlung der IAU in Moskau (1958) in einem privaten Kreis von Interessenten die Frage erörtert wurde, wie am geeignetsten die grundlegenden Studien der sowjetischen Himmelsmechaniker Chilmi, Merman, Parijski u. a. zum Einfangsproblem von O. J. Schmidt außerhalb der UdSSR bekanntgemacht werden können, fiel die Entscheidung fast automatisch auf Chilmis Monographie über „Qualitative Methoden in der Himmelsmechanik" (Moskau 1958). Diese macht nämlich eine andere zusammenfassende Übersicht über die zahlreichen sowjetischen Arbeiten zu diesem Problem — insbesondere aus der Feder eines Außenstehenden — überflüssig. Durch das Anerbieten von Herrn Viktor Abalakin (Astronom an der Sternwarte Odessa), eine deutsche Übersetzung der Chilmischen Monographie selber anzufertigen, war auch das Problem einer fachkundigen Übertragung sofort gelöst. Den Reiz einer deutschen Übersetzung eines russischen Werkes aus der Feder eines jungen sowjetischen Gelehrten haben wir durch möglichst wenige redaktionelle Korrekturen zu erhalten versucht. Dem Akademie-Verlag danken wir für die Aufnahme dieses himmelsmechanischen Werkes in die „Schriftenreihe der Institute für Mathematik bei der Deutschen Akademie der Wissenschaften zu Berlin".

Da die analytischen Studien der sowjetischen Mathematiker aus der Schule von O. J. Schmidt außerhalb der Sowjetunion weitgehend unbekannt geblieben sind, seien noch einige Vorbemerkungen gestattet. Mit den Untersuchungen von Poincaré, Sundman, Levi-Cività u. a. über die Singularitäten des Zusammenstoßes beim Dreikörperproblem um die letzte Jahrhundertwende schien dasselbe prinzipiell abgeschlossen zu sein und nur noch andersartige Darstellungen von verschiedenen Gesichtspunkten aus zu gestatten, wie sie etwa in den Untersuchungen von R. Vernič (1950—1957) und in dem bekannten Buch von C. L. Siegel (1956) zum Ausdruck kommen[1]). Die von J. Chazy 1913—1932 betrachtete andere wesentliche Singularität des Zerfalls des 3-Körpersystems bei $t = \infty$ schien nur unspezifische Finalbedingungen liefern zu können. Chazy selbst zog aus seinen Studien den Schluß, daß ein stabiler Einfang bei einem System von drei gravitierenden Körpern unmöglich sei und sprach damit über jede Kosmogonie vom Typus der Kantschen Hypothese das mathematische Todesurteil. Wie aber oft zu Recht vermutet wurde, war der (topologische) Beweis Chazys im Falle einer positiven Energiekonstante im Integral des Dreikörperproblems falsch. O. J. Schmidt — überzeugter Anhänger einer Kosmogonie vom Typus der Kantschen — versuchte mit einem Gegenbeispiel (1947) Chazys Theorem zu widerlegen und damit die „Akkretionskosmogonie" zu stützen. Ganz ab-

---

[1]) Letzteres wirft zum Schluß Fragen auf, welche die Schmidtsche Schule unterdessen beantwortet hat.

gesehen von dem Wert oder Unwert der Schmidtschen Kosmogonie — welche auch in der UdSSR teilweise auf schärfste Ablehnung gestoßen ist — wird aber O. J. Schmidt (gest. 1956) durch seinen „Kniff" der Umkehrung der Zeitrichtung die Endbedingungen des Zerfalls „dialektisch" in die Anfangsbedingungen eines Einfangs umgewandelt zu haben, unvergessen bleiben. Denn damit wurde dem ehrwürdigen Dreikörperproblem, welches schon seit Newton den Höhenflug der Mathematiker begleitet hatte, eine völlig neue Wendung gegeben. Die stolzen Worte, mit welchen Schmidt der populären Darstellung seiner Kosmogonie (1949) den Abschluß gab, bedeuten zugleich eine authentische Würdigung der vorliegenden Monographie von Chilmi: „G. F. Chilmi schuf ein ausgezeichnetes Verfahren von Beweisen, die auf der qualitativen Theorie der Differentialgleichungen beruhen; seine Beweiskette hängt aber von der Existenz *einer* Lösung ab: mit anderen Worten, sein Beweis hängt von dem Beispiel ab, welches ich gefunden habe."

Wir erlauben uns noch zu bemerken, daß nicht nur die Werke von O. J. Schmidt, sondern auch die vorliegende Monographie vom Institut für Geophysik der Akademie der UdSSR in Moskau herausgegeben worden sind. Daß ein Werk der reinen Analysis in einem geophysikalischen Institut erscheinen konnte, ist ein weiteres Indiz für die weitgediehene „Mathematisierung der Naturwissenschaften" in der Sowjetunion, welche mit der Forderung des «*Μηδεὶς ἀγεωμέτρητος εἰσίτω*» an der Pforte der platonischen Akademie Ernst gemacht hat.

J. O. Fleckenstein

INHALT

EINLEITUNG

1. Das n-Körperproblem bezeichnet man gewöhnlich als eine Aufgabe über die Bewegung eines Systems von mehreren materiellen Punkten, die sich nach dem Newtonschen Gesetz anziehen. Dies ist eine klassische Aufgabe der mathematischen Naturwissenschaft, deren Bedeutung über die Grenzen all ihrer astronomischen Anwendungen weit hinausgeht.

Von dem Moment der Entstehung der Himmelsmechanik als Wissenschaft an macht das n-Körperproblem den Grundinhalt derselben aus. Nachdem viele Probleme der Himmelsmechanik zur Geophysik abgegangen waren, hatte sich die zentrale Stellung des n-Körperproblems noch mehr verstärkt.

Die Hauptaufgabe der Dynamik eines Systems von n gravitierenden Körpern besteht in der Untersuchung und der Vorausberechnung derjenigen Änderungen, welchen die Punktlagen und -geschwindigkeiten des Systems mit dem Zeitablauf unterworfen sind. Dies ist jedoch ein kompliziertes nichtlineares Problem, dessen Auflösung sich beim heutigen Stand der Mathematik als unmöglich erwiesen hat.

Natürlich hatten sich in erster Linie die im Zusammenhang mit der Untersuchung über die Planeten-, Kometen- und Trabantenbewegungen entstandenen praktischen Aspekte des n-Körperproblems entwickelt. Diese Aufgaben wurden durch die Methode der sukzessiven Approximation gelöst. Die mathematischen Schwierigkeiten dieser Aufgaben erwiesen sich jedoch als so groß, daß die Konvergenz der Approximation als unbewiesen und die Fehlerabschätzung als nicht durchgeführt übrigblieben. Die mathematisch nicht begründeten Rechnungsmethoden wurden allein durch ihre Verwendungspraxis nachgeprüft, welche zeigte, daß es eine erstaunliche Übereinstimmung zwischen Theorie und Beobachtungen in den meisten Fällen gibt. Wenn wir von Methoden der praktischen Himmelsmechanik Gebrauch machen, so erhalten wir trotz deren mathematischen Unvollkommenheit ein reales Bild der Bewegung von Himmelskörpern für ein beschränktes Zeitintervall.

2. In der heutigen Zeit kann man aber hoffen, hauptsächlich auf dem Weg der Anwendung der qualitativen Untersuchungsmethoden, zu einem gewissen Erfolg im Studium des n-Körperproblems zu gelangen.

Eine qualitative Untersuchung des n-Körperproblems besteht gewöhnlich darin, daß man ein unvollständiges System von Parametern erforscht, durch deren Werte ein Systemzustand zwar nicht eindeutig bestimmt, jedoch in dieser oder jener Hinsicht charakterisiert wird. Es ist klar, daß sich die Aufgabe der Vorausberechnung der Parameterwerte für das unvollständige Parametersystem nicht stellen läßt, und man ist genötigt, sich auf die Klarstellung allgemeingültiger Gesetzmäßigkeiten der Änderung dieser Parameter zu beschränken. Die für die qualitativen Untersuchungen charakteristische begrenzte Aufgabenstellung hat den Vorteil, daß sie die Kenntnis sämtlicher Bewegungsintegrale für ihre völlige Auflösung nicht erfordert, sondern gestattet, mit Hilfe nur bekannter Integrale oder mit Hilfe der unmittelbar aus der Analyse von Bewegungsgleichungen und jenen gezogenen Folgerungen wichtige Ergebnisse herauszufinden.

Es ist aber wichtig, im Fall eines unvollständigen Parametersystems ein repräsentatives System auszuwählen, das die wesentlichen Bewegungsbesonderheiten widerzuspiegeln fähig ist und inhaltsreiche Vorstellungen über das dynamische System liefert. Zu der Anzahl von derartigen Parametern gehören zunächst die gegenseitigen Abstände zwischen den Körpern eines Systems. Es kann daher nicht als zufällig aufgefaßt werden, daß die Aufsuchung der allgemeinsten Eigenschaften von gegenseitigen Abständen zwischen Körpern, falls die Zeit unbeschränkt zunimmt (in positiver oder negativer Richtung), einen ansehnlichen Platz an qualitativen Untersuchungen der Himmelsmechanik eingenommen hat. Diese Aufgabe nennt man oftmals die Aufgabe über finale Bewegungen.

Die ersten allgemeinen und sehr einfachen Ergebnisse über finale Bewegungen von n gravitierenden Körpern wurden schon von Jacobi 1842 gewonnen. Nach Jacobi waren es jedoch nur Versuche bei der Erforschung eines speziellen Falles von drei Körpern gewesen. Die systematische Untersuchung über finale Bewegungen der drei gravitierenden Körper wurde vor etwa 30 Jahren von J. Chazy begonnen, welcher eine Klassifikation der in diesem Fall möglichen Bewegungstypen durchzuführen und einen Zusammenhang zwischen ihnen zu erforschen versuchte.

Die Ergebnisse von J. Chazy erwiesen sich als sehr interessant, obwohl eine seiner wichtigsten Schlußfolgerungen — über die Unmöglichkeit eines Einfanges — falsch ist. Nachdem die Einfangsmöglichkeit durch Methoden der numerischen Integration von O. J. Schmidt aufgezeigt wurde, ergab sich die Notwendigkeit einer mehr detaillierten Untersuchung über finale Bewegungen für den Fall von drei gravitierenden Körpern. Es war nötig, die effektiven „Qualitativlehrsätze" zu erhalten, welche die hinreichenden Verwirklichungsbedingungen für gewisse Bewegungstypen in Form der den Anfangsbedingungen aufgelegten Einschränkungen liefern. Auf ein allgemeingültiges Prinzip zur Auflösung derartiger Aufgaben wurde von uns 1948—1951 hingewiesen und erste Kriterien für die Verwirklichung einer hyperbolischen und einer hyperbolisch-elliptischen Bewegung im Dreikörperproblem wurden von uns soeben gewonnen.

Die Arbeiten in dieser Richtung wurden von G. A. Merman, K. A. Sitnikow, V. F. Proskurin, N. G. Kotschina, G. E. Chrapowizkaja und O. A. Sisowa fortgesetzt. Zur heutigen Zeit hat sich schon eine bedeutende Anzahl der wissenschaftlichen Abhandlungen über diese Fragen angesammelt (s. Literaturverzeichnis am Ende des Buches).

Oben haben wir bemerkt, daß es nach den Untersuchungen von Jacobi keine Versuche gab, neuere Ergebnisse über den Charakter von finalen Bewegungen im allgemeinen Fall einer willkürlichen Anzahl von Körpern zu gewinnen. Die mathematischen Schwierigkeiten dieser Aufgabe haben die Forscher offenbar davon abgestoßen. Trotzdem erscheint uns das Vordringen auf diesem Wissenschaftsgebiet als möglich, obgleich es sich augenscheinlich nicht schnell zu vollziehen vermag.

Wir betrachten weiter unten einige Methoden der qualitativen Analyse des n-Körperproblems und gewisse mit Hilfe dieser Methoden gewonnene Ergebnisse. Die Gesamtheit dieser Ergebnisse ist freilich vom einigermaßen vollendeten

Qualitativbild der Bewegungen von n gravitierenden Körpern weit entfernt und die Klarstellung desselben wird noch viel Arbeitsaufwand in Anspruch nehmen.

3. Wir wollen nun eine kurze Inhaltsübersicht unserer Abhandlungen geben.

In dem ersten Kapitel führen wir die Gleichungen und die allgemeinen Integrale des n-Körperproblems an und legen die einfachsten von JACOBI herrührenden Lehrsätze von finalen Bewegungen dar.

In dem zweiten Kapitel betrachten wir die Möglichkeiten der Anwendung der Dimensionsmethode auf das n-Körperproblem. Soweit uns bekannt ist, wurde die Dimensionsmethode auf die Untersuchung über finale Bewegungen bisher nicht angewandt; auf diesem Gebiet vermag dieselbe keine endgültigen Ergebnisse zu liefern, kann aber als Methode der vorläufigen Aufgabenanalyse sehr nützlich sein.

In dem dritten Kapitel wird die von uns vorgeschlagene „Methode der stetigen Induktion" dargelegt, und es werden einige Anwendungen derselben auf die Analyse von finalen Bewegungen im n-Körperproblem betrachtet. Diese Methode gestattet, qualitative Ergebnisse von „effektiver Art" zu gewinnen, d. h., sie erlaubt, hinreichende Verwirklichungsbedingungen für gewisse Finalbewegungsarten in Form der auf den Anfangszustand eines dynamischen Systems aufgelegten Einschränkungen zu formulieren.

Das vierte Kapitel wird der Methode des invarianten Maßes gewidmet. Die Anwendung dieser Methode auf das Problem von mehreren Körpern bedurfte der Umarbeitung einer Reihe von Lehrsätzen der metrischen Theorie von dynamischen Systemen, welche wir darlegen. Am Schluß des Kapitels beweisen wir sehr allgemeine, durch die Methode des invarianten Maßes gewonnene Lehrsätze der Bewegung eines Systems von n gravitierenden Körpern.

In dem fünften Kapitel wird ein Versuch der Analyse von einigen Fällen der Evolution der Systeme von n gravitierenden Körpern auf Grund der Himmelsmechanik dargelegt. Hier werden die vom kosmogonischen Standpunkt aus interessanten Vorgänge ins Auge gefaßt, welche vom Übergang der mechanischen Energie in die nichtmechanischen Formen begleitet werden.

KAPITEL I

Gleichungen und allgemeine Integrale des n-Körperproblems. Die einfachsten Sätze bei Finalbewegungen

1. Wir betrachten n materielle Punkte $P_1, P_2, \ldots, P_n$ mit den Massen m_1, $m_2, \ldots, m_n$, die sich nach dem Newtonschen Gesetz anziehen. Wir werden die relative Bewegung dieser Punkte untersuchen. Zunächst betrachten wir die Bewegung der Punkte $P_1, P_2, \ldots, P_n$ in bezug auf ihren gemeinschaftlichen Schwerpunkt.

Wir wollen ein rechtwinkliges kartesisches Koordinatensystem wählen, dessen Ursprung mit dem Schwerpunkt des Systems fest verbunden ist, wobei die Achsenrichtung unverändert bleibt. Bezeichnen wir nun mit x_i, y_i, z_i die Koordinaten des Punktes P_i. Mit r_i bezeichnen wir den Abstand des Punktes P_i vom Koordinatenursprung und mit r_{ij} denselben zwischen den Punkten P_i und P_j. Wir werden solche Maßeinheiten benutzen, bei denen die Gravitationskonstante gleich Eins ist. Setzen wir

$$U = \sum_{\substack{ij \\ i \neq j}} \frac{m_i m_j}{r_{ij}}, \tag{1.1}$$

worin $\sum_{ij}$ die über sämtliche Paare von verschiedenen Körpern erstreckte Summe bedeutet, dann kann man die Bewegungsgleichungen[1]) in Gestalt von $3n$ Gleichungen zweiter Ordnung schreiben

$$m_i \frac{d^2 x_i}{dt^2} = \frac{\partial U}{\partial x_i}, \quad m_i \frac{d^2 y_i}{dt^2} = \frac{\partial U}{\partial y_i}, \quad m_i \frac{d^2 z_i}{dt^2} = \frac{\partial U}{\partial z_i}. \tag{1.2}$$

Diese Gleichungen lassen sich auch als $6n$ Gleichungen erster Ordnung schreiben:

$$\frac{dx_i}{dt} = x_i', \quad \frac{dy_i}{dt} = y_i', \quad \frac{dz_i}{dt} = z_i', \quad m_i \frac{dx_i'}{dt} = \frac{\partial U}{\partial x_i}, \quad m_i \frac{dy_i'}{dt} = \frac{\partial U}{\partial y_i}, \quad m_i \frac{dz_i'}{dt} = \frac{\partial U}{\partial z_i}. \tag{1.3}$$

Das den Energiesatz ausdrückende Integral hat bekanntlich folgende Gestalt

$$\frac{1}{2} \sum_{i=1}^{n} m_i (x_i'^2 + y_i'^2 + z_i'^2) = U + H, \tag{1.4}$$

wo H eine Integrationskonstante ist.

---

[1]) In diesem Kapitel erinnern wir nur an Bewegungsgleichungen von n Körpern und ihre Integrale.

Überdies gibt es noch sechs lineare Integrale der Bewegungsgröße und des Schwerpunkts. Bei unserer Wahl des Koordinatensystems sind diese von folgender Gestalt:

$$\begin{gathered}\sum_{i=1}^{n} m_i x_i' = 0, \quad \sum_{i=1}^{n} m_i y_i' = 0, \quad \sum_{i=1}^{n} m_i z_i' = 0, \\ \sum_{i=1}^{n} m_i x_i = 0, \quad \sum_{i=1}^{n} m_i y_i = 0, \quad \sum_{i=1}^{n} m_i z_i = 0.\end{gathered} \tag{1.5}$$

Danach gibt es noch drei Flächenintegrale (oder Momente der Bewegungsgröße). In bezug auf die Achsen des Koordinatensystems genommen, sind sie von der Gestalt

$$\begin{gathered}\sum_{i=1}^{n} m_i (x_i y_i' - y_i x_i') = c_1, \\ \sum_{i=1}^{n} m_i (y_i z_i' - z_i y_i') = c_2, \\ \sum_{i=1}^{n} m_i (z_i x_i' - x_i z_i') = c_3,\end{gathered} \tag{1.6}$$

worin c_1, c_2, c_3 die Integrationskonstanten bedeuten.

Diese zehn Integrale schöpfen sämtliche bekannten, wesentlich unabhängigen Integrale des in Betracht kommenden dynamischen Systems aus.

2. Eine andere, für theoretische Untersuchungen bequeme Darstellungsform der relativen Bewegungen von n Körpern erhalten wir, wenn wir die Jacobischen Koordinaten anwenden. Wir wollen die Bezeichnungen des vorhergehenden Paragraphen durch die bequemeren bei Anwendung der Jacobischen Koordinaten ersetzen. Die in Betracht kommenden materiellen Punkte bezeichnen wir mit $P_0, P_1, \ldots, P_{n-1}$ und ihre Massen mit $m_0, m_1, \ldots, m_{n-1}$.

Bezeichnen wir nun mit ξ_1, η_1, ζ_1 die Koordinaten des Punktes P_1 in bezug auf die Achsen mit dem Ursprung im Punkte P_0, ferner mit ξ_2, η_2, ζ_2 die des Punktes P_2 in bezug auf die Achsen mit dem Koordinatenursprung im Schwerpunkt der Punkte P_0 und P_1 usw. und schließlich mit $\xi_{n-1}, \eta_{n-1}, \zeta_{n-1}$ die Koordinaten des Punktes P_{n-1} in bezug auf die Achsen mit dem Koordinatenursprung im Schwerpunkt der Punkte $P_0, P_1, \ldots, P_{n-2}$. Die Koordinatenachsen sämtlicher Systeme werden als parallel angenommen. Mit ϱ_i bezeichnen wir den Abstand des Punktes P_i von dem Koordinatenursprung desjenigen Systems, in dem die Bewegung dieses Punktes beschrieben wird; r_{ij} bezeichnet nach wie vor den Abstand zwischen den Punkten P_i und P_j. Wie vorhin werden wir das Einheitensystem benutzen, in dem die Gravitationskonstante gleich Eins ist.

Die Bewegungsgleichungen in Jacobischen Koordinaten haben die Gestalt

$$\mu_i \frac{d^2\xi_i}{dt^2} = \frac{\partial U}{\partial \xi_i}, \quad \mu_i \frac{d^2\eta_i}{dt^2} = \frac{\partial U}{\partial \eta_i}, \quad \mu_i \frac{d^2\zeta_i}{dt^2} = \frac{\partial U}{\partial \zeta_i}, \tag{1.7}$$

$$i = 1, 2, \ldots, n-1,$$

worin $\mu_1, \mu_2, \ldots, \mu_{n-1}$ sogenannte reduzierte Massen sind:

$$\mu_1 = \frac{m_0 m_1}{m_0 + m_1},$$

$$\mu_2 = \frac{(m_0 + m_1) m_2}{m_0 + m_1 + m_2},$$

. . . .

$$\mu_{n-1} = \frac{(m_0 + m_1 + \cdots + m_{n-2}) m_{n-1}}{m_0 + m_1 + \cdots + m_{n-1}}.$$

Die Gleichungen (1.7) lassen sich als $6(n-1)$ Gleichungen erster Ordnung schreiben

$$\frac{d\xi_i}{dt} = \xi_i', \quad \frac{d\eta_i}{dt} = \eta_i', \quad \frac{d\zeta_i}{dt} = \zeta_i',$$

$$\mu_i \frac{d\xi_i'}{dt} = \frac{\partial U}{\partial \xi_i}, \quad \mu_i \frac{d\eta_i'}{dt} = \frac{\partial U}{\partial \eta_i}, \quad \mu_i \frac{d\zeta_i'}{dt} = \frac{\partial U}{\partial \zeta_i}. \tag{1.8}$$

Bei Beschreibung der Bewegungen in Jacobischen Koordinaten hat das Energieintegral die Gestalt

$$\frac{1}{2} \sum_{i=1}^{n-1} \mu_i (\xi_i'^2 + \eta_i'^2 + \zeta_i'^2) = U + H, \tag{1.9}$$

wo H die Integrationskonstante bedeutet.

Die Integrale der Bewegungsgröße und des Schwerpunkts werden in Jacobischen Koordinaten identisch befriedigt; die Flächenintegrale (der Momente der Bewegungsgröße) sind aber von der Form

$$\begin{aligned} \sum_{i=1}^{n-1} \mu_i (\xi_i \eta_i' - \eta_i \xi_i') &= c_1, \\ \sum_{i=1}^{n-1} \mu_i (\eta_i \zeta_i' - \zeta_i \eta_i') &= c_2, \\ \sum_{i=1}^{n-1} \mu_i (\zeta_i \xi_i' - \xi_i \zeta_i') &= c_3, \end{aligned} \tag{1.10}$$

worin c_1, c_2, c_3 die Integrationskonstanten sind.

3. Schließlich werden wir noch eine andere Form der Darstellung relativer Bewegungen von n gravitierenden Körpern $P_0, P_1, \ldots, P_{n-1}$ erhalten, wenn wir von einem Koordinatensystem Gebrauch machen, dessen Ursprung in einem der in Betracht kommenden Punkte, z. B. in dem Punkt P_0 liegt. In diesem Fall haben die Bewegungsgleichungen die Gestalt

$$\frac{d^2 \xi_i}{dt^2} = -m_0 \frac{\xi_i}{r_{0i}^3} + \sum_{\substack{j=1 \\ j \neq i}}^{n-1} \frac{m_j (\xi_i - \xi_j)}{r_{ij}^3} - \sum_{j=1}^{n-1} \frac{m_j \xi_j}{r_{j0}^3},$$

$$\frac{d^2\eta_i}{dt^2} = -m_0\frac{\eta_i}{r_{0i}^3} + \sum_{\substack{j=1\\ j\neq i}}^{n-1} \frac{m_j(\eta_i - \eta_j)}{r_{ij}^3} - \sum_{j=1}^{n-1}\frac{m_j\eta_j}{r_{j0}^3}, \qquad (1.11)$$

$$\frac{d^2\zeta_i}{dt^2} = -m_0\frac{\zeta_i}{r_{0i}^3} + \sum_{\substack{j=1\\ j\neq i}}^{n-1} \frac{m_j(\zeta_i - \zeta_j)}{r_{ij}^3} - \sum_{j=1}^{n-1}\frac{m_j\zeta_j}{r_{j0}^3},$$

worin ξ_i, η_i, ζ_i die Koordinaten des Punktes P_i sind.

Es wird für uns bequem sein, diese Gleichungen in Vektorform hinzuschreiben. Wir bezeichnen mit $\bar{i}$, $\bar{j}$, $\bar{k}$ die nach den Achsen ξ, η, ζ gerichteten Einheitsvektoren und mit $\bar{r}_{ij}$ den den Punkt P_i mit dem Punkt P_j verbindenden Vektor. Wenn wir die Gleichungen (1.11) respektiv mit $\bar{i}$, $\bar{j}$, $\bar{k}$ multiplizieren und addieren, so erhalten wir

$$\frac{d^2\bar{r}_{i0}}{dt^2} = -m_0\frac{\bar{r}_{i0}}{r_{i0}^3} + \sum_{\substack{j=1\\ j\neq i}}^{n-1} m_j\frac{\bar{r}_{ij}}{r_{ij}^3} - \sum_{j=1}^{n-1} m_j\frac{\bar{r}_{j0}}{r_{j0}^3},$$

$$i = 1, 2, \ldots, n-1.$$

Wir haben die Bewegung sämtlicher Punkte des Systems in bezug auf den Punkt P_0 betrachtet. Wir können aber die Bewegung aller Punkte in bezug auf einen beliebigen Punkt P_k betrachten. Daher haben wir die folgenden Gleichungen:

$$\frac{d^2\bar{r}_{ik}}{dt^2} = -m_0\frac{\bar{r}_{ik}}{r_{ik}^3} + \sum_{\substack{j=0\\ j\neq i,k}}^{n-1} m_j\frac{\bar{r}_{ij}}{r_{ij}^3} - \sum_{\substack{j=1\\ j\neq k}}^{n-1} m_j\frac{\bar{r}_{jk}}{r_{jk}^3}, \qquad (1.12)$$

$$i = 0, 1, \ldots, n-1; \quad k = 0, 1, \ldots, n-1, \quad i \neq k.$$

4. Wir betrachten nun das Trägheitsmoment von n gravitierenden Punkten

$$J^2 = \sum_{i=1}^{n} m_i r_i^2. \qquad (1.13)$$

Indem wir beachten, daß

$$r_i^2 = x_i^2 + y_i^2 + z_i^2$$

ist, und zweimal nach der Zeit t differenzieren, erhalten wir

$$\frac{d^2J^2}{dt^2} = 2\sum_{i=1}^{n} m_i(x_i x_i'' + y_i y_i'' + z_i z_i'' + x_i'^2 + y_i'^2 + z_i'^2).$$

Wenn wir von den Gleichungen (1.2) und dem Energieintegral (1.4) Gebrauch machen, so können wir diese Gleichung in folgender Gestalt schreiben:

$$\frac{d^2J^2}{dt^2} = 2\sum_{i=1}^{n}\left(x_i\frac{\partial U}{\partial x_i} + y_i\frac{\partial U}{\partial y_i} + z_i\frac{\partial U}{\partial z_i}\right) + 4(U + H).$$

Aber die Potentialfunktion U ist eine homogene Funktion der Koordinaten von der Dimension -1; demnach wird

$$\sum_{i=1}^{n}\left(x_i\frac{\partial U}{\partial x_i}+y_i\frac{\partial U}{\partial y_i}+z_i\frac{\partial U}{\partial z_i}\right)=-U,$$

und folglich ist

$$\frac{d^2J^2}{dt^2}=2(U+2H). \tag{1.14}$$

Diese von LAGRANGE für den Dreikörperfall hergeleitete und von JACOBI auf n Körper verallgemeinerte Gleichung, die von wichtiger Bedeutung in der Himmelsmechanik ist, heißt die *Gleichung von* LAGRANGE-JACOBI.

5. Wir wollen nun eine Hilfsgleichung herleiten, welche das Trägheitsmoment durch die gegenseitigen Körperabstände ausdrücken lassen wird.

Wir betrachten die Entfernungen der Körper $P_1, P_2, \ldots, P_n$ vom Schwerpunkt des Systems und die gegenseitigen Abstände zwischen diesen. Das Quadrat der Entfernung des P_i vom Schwerpunkt ist

$$r_i^2=x_i^2+y_i^2+z_i^2, \tag{1.15}$$

und das der Entfernung zwischen P_i und P_j

$$r_{ij}^2=(x_i-x_j)^2+(y_i-y_j)^2+(z_i-z_j)^2. \tag{1.16}$$

Mit dem Symbol $\sum\limits_{ij}$ haben wir die Summation nach sämtlichen verschiedenen Paaren ij $(i\neq j)$ bezeichnet; außerdem wollen wir ein Symbol $\sum\limits_{ij}^{*}$ zur Bezeichnung einer Summation über alle möglichen, bei Kombination eines beliebigen i mit einem beliebigen j resultierenden Paares ij einführen.

Wir schreiben nun die folgenden offensichtlichen Gleichungen hin:

$$\begin{aligned}\sum_{ij} m_im_j(x_i-x_j)^2 &= \sum_{ij}^{*} m_im_j(x_i-x_j)^2\\ &=\frac{1}{2}\sum_{i=1}^{n}\sum_{j=1}^{n} m_im_j(x_i-x_j)^2\\ &=\frac{1}{2}\sum_{i=1}^{n}\sum_{j=1}^{n} m_im_jx_i^2+\frac{1}{2}\sum_{i=1}^{n}\sum_{j=1}^{n} m_im_jx_j^2-\sum_{i=1}^{n}\sum_{j=1}^{n} m_im_jx_ix_j\\ &=\frac{M}{2}\sum_{i=1}^{n} m_ix_i^2+\frac{M}{2}\sum_{j=1}^{n} m_jx_j^2-\sum_{i=1}^{n} m_ix_i\sum_{j=1}^{n} m_jx_j,\end{aligned}$$

worin $M=\sum\limits_{i=1}^{n} m_i$ ist. Wenn wir aber beachten, daß

$$\sum_{i=1}^{n} m_ix_i^2=\sum_{j=1}^{n} m_jx_j^2$$

und nach den Integralen der Bewègungsgröße

$$\sum_{i=1}^{n} m_i x_i = \sum_{j=1}^{n} m_j x_j = 0$$

ist, so erhalten wir aus den obigen Gleichungen

$$M \sum_{i=1}^{n} m_i x_i^2 = \sum_{ij} m_i m_j (x_i - x_j)^2. \tag{1.17a}$$

Die Formeln

$$M \sum_{i=1}^{n} m_i y_i^2 = \sum_{ij} m_i m_j (y_i - y_j)^2, \tag{1.17b}$$

$$M \sum_{i=1}^{n} m_i z_i^2 = \sum_{ij} m_i m_j (z_i - z_j)^2 \tag{1.17c}$$

werden analog abgeleitet. Wenn wir die Beziehungen (1.17a), (1.77b) und (1.17c) addieren und (1.15) und (1.16) beachten, so finden wir

$$M \sum_{i=1}^{n} m_i r_i^2 = \sum_{ij} m_i m_j r_{ij}^2. \tag{1.18}$$

Führen wir nun die folgende Bezeichnung ein:

$$I^2 = \sum_{ij} m_i m_j r_{ij}^2;$$

dann haben wir auf Grund von Formel (1.13) und (1.18)

$$J^2 = \frac{1}{M} I^2.$$

Folglich kann man der Lagrange-Jacobischen Gleichung die Gestalt geben

$$\frac{1}{M} \frac{d^2 J^2}{dt^2} = 2(U + 2H). \tag{1.19}$$

6. Ohne zusätzliche analytische Mittel zu benutzen, gestatten das Energieintegral und die Lagrange-Jacobische Gleichung einige Eigenschaften gegenseitiger Abstände bei unbeschränkter Zeitzunahme (in positiver oder negativer Richtung) in dem allgemeinsten Fall eines Systems von n gravitierenden Körpern festzustellen. Auf diesem Weg kann man zwar nur die einfachsten, schon von Jacobi angegebenen Lehrsätze von finalen Bewegungen gewinnen; trotzdem besteht die große Bedeutung dieser Lehrsätze darin, daß sie die richtige Aufgabenstellung über Finalbewegungen aufdecken und zeigen, von welcher Art die allgemeine Richtung von etwas detaillierteren Untersuchungen sein muß.

In erster Linie wollen wir die Eigenschaften gegenseitiger Abstände in einem System von n gravitierenden Körpern, dessen Gesamtenergie negativ ist, betrachten.

Satz 1.1. *Wenn die Konstante des Energieintegrals* $H < 0$ *ist und bei* $t \to +\infty$ ($t \to -\infty$) *keine Zusammenstöße der Körper stattfinden, so besitzt die Funktion*

$$r_*(t) = \min_{ij} \{r_{ij}\}$$

bei sämtlichen $t > 0$ ($t < 0$) *folgende Eigenschaften:*

1) *Bei allen* $t > 0$ ($t < 0$) *ist die folgende Ungleichheit erfüllt*

$$r_*(t) \leq \frac{M^2}{2H}.$$

2) *Wie groß* $T > 0$ *und klein* $\varepsilon > 0$ *auch sein mögen, es gibt einen Zeitpunkt* t', $|t'| \geq T$, *von der Art, daß*

$$r_*(t') < \frac{M^2}{4|H| - 2\varepsilon}$$

ist, worin

$$M = \sum_{i=1}^{n} m_i$$

bedeutet.

Wir wollen die erste Behauptung beweisen. Da die kinetische Energie eines Systems nicht negativ sein kann, so ergibt sich aus dem Energieintegral

$$U + H \geq 0$$

oder

$$\sum_{ij} \frac{m_i m_j}{r_{ij}} \geq |H|.$$

Wenn wir diese Ungleichung verschärfen, können wir schreiben

$$\frac{1}{r_*(t)} \sum_{ij} m_i m_j \geq |H|. \tag{1.20}$$

Doch ist es nicht schwer zu erkennen, daß

$$\sum_{ij} m_i m_j \leq \frac{M^2}{2}$$

ist. Demnach können wir, ohne die Ungleichheit (1.20) abzuschwächen, schreiben

$$\frac{M^2}{2r_*(t)} \geq |H|,$$

weshalb

$$r_*(t) \leq \frac{M^2}{2|H|} \tag{1.21}$$

ist.

Nun gehen wir zum Beweis der zweiten Behauptung über. Wir wollen zeigen, daß sich ein $t' > T$, wie groß auch $T > 0$ sein mag, finden läßt, für welches

$$U + 2H > -\varepsilon$$

ist. Wir nehmen das Gegenteil an. Dann ist bei einem gewissen T-Wert

$$U + 2H \leq -\varepsilon \tag{1.22}$$

für sämtliche $t > T$.

Wenn wir die Lagrange-Jacobische Gleichung (1.19) nach der Zeit zwischen den Grenzen von T bis t zweimal integrieren, so erhalten wir

$$I^2(t) = I^2(T) + I^{2\prime}(T)(t - T) + 2M\int\limits_T^t\int\limits_T^t (U + 2H)dtdt,$$

woraus sich nach der Beziehung (1.22)

$$I^2(t) \leq I^2(T) + I^{2\prime}(T)(t - T) - M\varepsilon(t - T)^2$$

ergibt. Daraus erkennen wir, daß $I^2(t) \to -\infty$ geht bei $t \to -\infty$. Aber dann gibt es einen Zeitpunkt $\tau > 0$ von der Beschaffenheit, daß $I^2(\tau) = 0$ ist, d. h. ein Körperzusammenstoß vorkommt; dies widerspricht aber der Satzbedingung.

Es gibt also ein $t' > T$, für welches

$$U(t') + 2H > -\varepsilon,$$
$$U(t') > 2|H| - \varepsilon$$

ist. Indem wir diese Ungleichung verschärfen, haben wir

$$\frac{M^2}{2r_*(t)} > 2|H| - \varepsilon,$$

woraus

$$r_*(t) < \frac{M^2}{4|H| - 2\varepsilon}$$

folgt; für $t \geq 0$ ist somit der Satz bewiesen. Für $t \leq 0$ wird der Satz analog hergeleitet.

Die Voraussetzung, ein unbeschränktes Anwachsen einiger Abstände mit der Zeit sei bei $H < 0$ nicht ausgeschlossen, widerspricht dem eben bewiesenen Lehrsatz nicht. Aus dem Lehrsatz folgt nämlich, daß von solcher Art nicht sämtliche Abstände sein können und folglich eine vollständige Zerstreuung eines Systems von gravitierenden Körpern bei $H < 0$ weder bei $t \to +\infty$ noch bei $t \to -\infty$ möglich ist.

Nunmehr wollen wir uns einem System von gravitierenden Körpern zuwenden, für das die Konstante des Energieintegrals $H > 0$ ist.

Satz 1.2 (Satz von Jacobi). *Wenn die Konstante des Energieintegrals* $H > 0$ *ist und bei* $t \to +\infty (t \to -\infty)$ *keine Körperzusammenstöße vorkommen, so nimmt wenigstens einer der gegenseitigen Abstände zwischen den Körpern unbeschränkt zu.*

Wir nehmen die Lagrange-Jacobische Gleichung in Gestalt (1.19) und integrieren dieselbe zweimal nach der Zeit zwischen den Grenzen von 0 bis $t > 0$. Danach erhalten wir:

$$I^2(t) = I_0^2 + I_0^{2\prime} t + 2M \int_0^t \int_0^t (U + 2H)\,dt\,dt,$$

worin I_0^2 und $I_0^{2\prime}$ die Werte von I^2 und $I^{2\prime}$ bei $t = 0$ bedeuten. Da aber $U > 0$ ist, so folgt

$$I^2(t) > I_0^2 + I_0^{2\prime} t + 4M \int_0^t \int_0^t H\,dt\,dt$$

oder

$$I^2(t) > I_0^2 + I_0^{2\prime} t + 2MHt^2.$$

Aus dieser Ungleichheit bei $H > 0$ ergibt sich:

$$I^2(t) \to \infty \quad \text{bei} \quad t \to +\infty\,(t \to -\infty),$$

was nur in demjenigen Fall möglich ist, wo mindestens einer der gegenseitigen Abstände bei $t \to +\infty$ $(t \to -\infty)$ unbeschränkt zunimmt. Der Satz ist somit bewiesen.

Der eben bewiesene Lehrsatz widerspricht der Annahme nicht, daß bei $H > 0$ diejenigen Fälle möglich sind, wo sämtliche Abstände zwischen den Körpern entweder bei $t \to +\infty$ oder bei $t \to -\infty$ oder in beiden Fällen gleichzeitig unbeschränkt zunehmen. Der Lehrsatz widerspricht aber auch nicht der Voraussetzung, daß solche Untersysteme bei $H > 0$ möglich sind, in denen die Abstände zwischen den Körpern bei einer Zeitänderung in einer der Richtungen oder in beiden gleichzeitig begrenzt bleiben. Schließlich widerspricht die Voraussetzung über einen Zusammenhang einer vollständigen Zerstreuung des Systems bei der Zeitänderung in einer Richtung mit einer unvollständigen Zerstreuung bei einer Zeitänderung in entgegengesetzter Richtung dem Lehrsatz nicht.

Die Lehrsätze 1.1 und 1.2 gegenüberstellend können wir am Schluß sagen, daß die Energie eines Systems bei $H < 0$ für vollständige Zerstreuung des Systems unzureichend ist; bei $H > 0$ ist die Energie des Systems dagegen dermaßen groß, daß wenigstens eine teilweise Zerstreuung des Systems unvermeidlich ist.

KAPITEL II

Die Dimensionsmethode

1. Die letzter Zeit in verschiedenen Aufgaben der Mechanik und Physik besonders viel verwendete Methode der Dimensionen läßt sich auch für die Qualitativanalyse der Bewegungen in einem System von n gravitierenden Körpern benutzen. Doch ist zu beachten, daß die Dimensionsmethode zwar keine hinreichend vollendeten Ergebnisse im n-Körperproblem zu liefern vermag, sie aber trotzdem wesentliche Schlußfolgerungen in gewissen Fällen zu gewinnen gestattet.

Wir beabsichtigen, Möglichkeiten der Anwendung von Methoden der Dimensionstheorie auf die Aufsuchung von Kriterien für die Verwirklichung dieses oder jenes Bewegungstypus in einem System von n gravitierenden Körpern zu betrachten. In denjenigen Fällen, wo die Dimensionsanalyse ein derartiges Kriterium zu gewinnen erlaubt, läßt sich dasselbe bis an die Genauigkeit eines dimensionslosen, unbekannt bleibenden Faktors hinschreiben. Die Methoden der Dimensionstheorie gestatten also nicht, ein vollständiges Kriterium zu gewinnen, sondern geben nur die analytische Form desselben an. Und dennoch haben derartige Ergebnisse von begrenzter Tragweite eine wichtige Bedeutung: Sie liefern vorläufige Kenntnisse und eine richtige Orientierung in den anfänglichen Untersuchungsstadien.

2. Die Fähigkeit der Dimensionstheorie, eine Art der analytischen Abhängigkeit zwischen dimensionalen Größen anzugeben, rührt davon her, daß die objektiven physischen Zusammenhänge zwischen den dimensionalen Größen von einem ausgewählten Einheitensystem nicht abhängen können. Derartige Zusammenhänge zwischen den Größen können nicht willkürlich sein und sind durch die Dimensionen dieser Größen bestimmt.

Die Analyse der Dimensionen wird gewöhnlich auf die in Form von Gleichheiten oder Gleichungen mathematisch ausgedrückten Beziehungen angewendet. Dasjenige wenig Neue, was zur Anwendungsmethodik der Dimensionsanalyse bei qualitativer Untersuchung über das n-Körperproblem beizutragen ist, besteht in der Betrachtung von Ungleichheiten. Folgende Überlegungen werden für unsere weiteren Ziele ausreichend sein.

1) Es gebe eine gewisse Menge $\mathfrak{M}$ von Systemen der unabhängigen Grundeinheiten

$$q_1, q_2, \ldots, q_n$$

von der Beschaffenheit, daß ein Übergang zu einem jeden anderen, auch der Menge $\mathfrak{M}$ angehörenden Einheitensystem

$$q_1', q_2', \ldots, q_n'$$

sich nach den Formeln

$$q_i' = \alpha_i q_i \quad (i = 1, 2, \ldots, n) \tag{2.1}$$

vollzieht, wobei $\alpha_i > 0$ beliebige positive Zahlen sind.

2) Es gibt willkürliche positive Größen

$$Q_0, Q_1, Q_2, \ldots, Q_n,$$

die *homogen* in demjenigen Sinne sind, daß die nach Transformation der Grundeinheiten laut den Formeln (2.1) erhaltenden Werte

$$Q_0', Q_1', Q_2', \ldots, Q_n'$$

dieser Größen mit den vorhergehenden Werten durch die Beziehungen

$$Q_j' = \alpha_1^{a_{j1}} \alpha_2^{a_{j2}} \ldots \alpha_n^{a_{jn}} Q_j \tag{2.2}$$

verbunden sind. Die Exponenten a_{jk} heißen Dimensionsexponenten; sind sie alle gleich Null, so wird die Größe Q_j dimensionslos sein. Es ist klar, daß ein jedes Produkt von homogenen Größen wiederum eine homogene Größe sein wird.

3) Die Größe Q_0 hängt mit den Größen $Q_1, Q_2, \ldots, Q_n$ durch die Beziehung

$$Q_0 \leq f(Q_1, Q_2, \ldots, Q_n) \tag{2.3}$$

zusammen.

4) Die Beziehung $Q_0 \leq f(Q_1, Q_2, \ldots, Q_n)$ *hängt von den Maßeinheiten* in demjenigen Sinne *nicht ab*, daß sie nach einer beliebigen Transformation der Grundeinheiten laut den Formeln (2.1) erfüllt ist.

5) In den Ausdrücken für die Größen $Q_0, Q_1, Q_2, \ldots, Q_n$ treten sämtliche Grundeinheiten auf.

Satz 2.1. *Unter Erfüllung der Bedingungen* (1—5) *gilt*

$$Q_0 \leq C Q_1^{x_1} Q_2^{x_2} \ldots Q_n^{x_n}, \tag{2.4}$$

worin die dimensionslose Konstante $C = f(1, 1, \ldots, 1)$ *ist und die Potenzexponenten durch die Bedingung* 4 *eindeutig bestimmt werden.*

Nehmen wir die Größen $Q_1, Q_2, \ldots, Q_n$ und gehen wir zu neuen Einheiten über; ihre Maßstabkoeffizienten $\alpha_1, \alpha_2, \ldots, \alpha_n$ wählen wir so aus, daß die Größen $Q_1', Q_2', \ldots, Q_n'$ in dem neuen Einheitensystem die der Eins gleichen Werte erhalten. Wenn wir (2.2) dieser Forderung unterwerfen, so erhalten wir

$$\alpha_1^{a_{j1}} \alpha_2^{a_{j2}} \ldots \alpha_n^{a_{jn}} = \frac{1}{Q_j}. \tag{2.5}$$

Wenn wir diese Gleichungen auflösen, finden wir für $\alpha_1, \alpha_2, \ldots, \alpha_n$ folgende Ausdrücke:

$$\alpha_j = \frac{1}{Q_1^{b_{j1}} Q_2^{b_{j2}} \ldots Q_n^{b_{jn}}}, \tag{2.6}$$

worin b_{jk} die konstanten Größen sind, deren numerische Werte wir nicht bestimmen werden.[1])

Wir schreiben nun die Formel (2.2) in dem speziellen Fall, wo $j = 0$ ist

$$Q_0' = \alpha_1^{a_{01}} \alpha_2^{a_{02}} \ldots \alpha_n^{a_{0n}} Q_0;$$

wenn wir nun die α_j-Werte aus (2.6) in dieselbe einsetzen, so erhalten wir

$$Q_0' = \frac{Q_0}{Q_1^{x_1} Q_2^{x_2} \ldots Q_n^{x_n}}. \tag{2.7}$$

(Die Potenzexponenten $x_1, x_2, \ldots, x_n$ werden wir vorläufig nicht berechnen.)

Die Ungleichheit (2.3) hängt von den Maßeinheiten nicht ab; demnach wird dieselbe auch nach dem Übergang zu den Einheiten $q_1', q_2', \ldots, q_n'$ erfüllt sein; folglich ist

$$Q_0' \leq f(1, 1, \ldots, 1).$$

Indem wir $C = f(1, 1, \ldots, 1)$ annehmen und den Ausdruck für Q_0' aus (2.7) in diese Ungleichheit einsetzen, erhalten wir:

$$\frac{Q_0}{Q_1^{x_1} Q_2^{x_2} \ldots Q_n^{x_n}} \leq C,$$

woher sich

$$Q_0 \leq C Q_1^{x_1} Q_2^{x_2} \ldots Q_n^{x_n}$$

ergibt. Die Ungleichheit (2.4) ist somit gewonnen. Außerdem sind die x_i der Bedingung 4 so beschaffen, daß diese Ungleichheit *homogen nach der Dimension* ist, d. h., die Dimensionsexponenten nach jeder Grundeinheit auf rechter und linker Seite sind gleich. Wenn wir dieselben einander gleichsetzen, so erhalten wir demnach die Gleichungen, aus denen die Zahlen $x_1, x_2, \ldots, x_n$ bestimmt werden können.

Der Satz ist damit bewiesen.

3. Betrachten wir nun ein System von n gravitierenden Körpern $P_0, P_1, \ldots, P_{n-1}$ mit den Massen $m_0, m_1, \ldots, m_{n-1}$. Es bezeichne $r_{ij}(t)$ den Abstand des Körpers P_j von P_i und $r_{ij}'(t)$ die zeitliche Ableitung dieser Größe, welche wir die „Radialgeschwindigkeit" nennen werden.

Nun führen wir folgende Bezeichnungen ein:

$$\varrho(t) = \min_{ij} \{r_{ij}(t)\},$$

$$\sigma(t) = \min_{ij} \{r_{ij}'(t)\}.$$

Wir wollen annehmen, daß die Bedingung

$$\sigma(0) > 0 \tag{2.8}$$

in dem Anfangszeitpunkt $t = 0$ erfüllt ist.

---

[1]) Dem an der detaillierteren Ableitung von Formel (2.6) interessierten Leser kann empfohlen werden, die Gleichungen (2.5) für den einfachsten Fall $n = 2$ aufzulösen.

Unter dieser Bedingung sind zwei Fälle möglich:

a) entweder läßt sich eine positive Zahl τ angeben, derart, daß die gegenseitigen Abstände zwischen den Körpern für sämtliche in dem von rechts offenen Intervall $[0, \tau]$ liegenden t-Werte zunehmen, aber vom Zeitpunkt τ an wenigstens einer der Abstände zu wachsen aufhört;

b) oder, wenn $\sigma(0)$ und folglich auch die Anfangswerte sämtlicher Radialgeschwindigkeiten $r'_{ij}(0)$ dermaßen groß geworden sind, daß die gegenseitige Anziehung der Körper eines Systems sich als unzureichend erweisen wird, dieses System zusammenzuhalten, so nehmen alle Abstände $r_{ij}(t)$ bei $t \to +\infty$ unbeschränkt zu. Aber bei welchem $\sigma(0)$-Wert wird diese Erscheinung sich verwirklichen? Dies hängt selbstverständlich von dem Anfangszustand eines Systems, von dessen Parametern und von den *die Gravitationserscheinungen überhaupt charakterisierenden Parametern* ab.

Versuchen wir nun klarzulegen, welche Parameter eben in der in Betracht kommenden Aufgabe wesentliche Bedeutung haben.

Aus den allgemeinen physikalischen Vorstellungen über die Gravitationskräfte folgt, daß je kleiner $\varrho(0)$ ist, d. h. je kleiner die gegenseitigen Abstände zwischen Körpern im Anfangszeitpunkt sind, desto größer muß $\sigma(0)$ sein; folglich wird $\varrho(0)$ zweifellos einer der Parameter sein.

Überdies sind die Massen $m_0, m_1, \ldots, m_{n-1}$ der gravitierenden Punkte von wesentlicher Bedeutung. Je größer diese Massen sind, um so stärker ist die gegenseitige Anziehung der Körper $P_0, P_1, \ldots, P_{n-1}$, um so größer muß also der $\sigma(0)$-Wert unter sonst gleichen Umständen sein. Die Berücksichtigung der Massen liefert uns noch n Parameter. Dennoch können wir die Einführung einer großen, mit den Massen zusammenhängenden Anzahl von Parametern vermeiden. In der Tat, man muß berücksichtigen, daß wir vorhaben, die hinreichenden, in Form einer gewissen Ungleichheit ausgedrückten, Bedingungen zu gewinnen. Zwecks einer Vereinfachung der Aufgabe können wir demnach die übermäßig erhöhte Einschätzung der Rolle von Massen gebrauchen. Als den den Masseneinfluß berücksichtigenden Parameter dürfen wir den Parameter

$$\mu = \varphi(m_0, m_1, \ldots, m_{n-1})$$

nehmen, welcher eine Funktion der Massen sämtlicher Körper vorstellt und *die Massendimension besitzt.*

Schließlich hat die Gravitation in dem in Betracht kommenden Phänomen wesentliche Bedeutung, daher muß auch die Gravitationskonstante γ ein Parameter der Aufgabe sein.

Für die von uns betrachtete Erscheinung stellen die Parameter γ, μ, $\varrho(0)$, $\sigma(0)$ das *vollständige* System von Parametern dar. In der Tat, wenn der $\sigma(0)$-Wert bei gegebenen Werten von $\varrho(0)$ und μ hinreichend groß ist, findet das Auseinanderfliegen sämtlicher Körper eines Systems statt, welches auch sonst die Werte von weiteren, von uns nicht berücksichtigten Parametern dieses Systems sein mögen. Wir kommen somit zu dem Schluß, daß das gesuchte Kriterium die folgende allgemeine Gestalt haben muß:

$$\sigma(0) > f(\gamma, \mu, \varrho(0)), \tag{2.9}$$

worin f eine vorläufig unbekannte Funktion bedeutet. Es bleibt damit übrig, die Gestalt der Funktion $f(\gamma, \mu, \varrho(0))$ zu bestimmen.

Wir betrachten willkürlich gewählte, aber fixierte Werte von Parametern γ, μ, $\varrho(0)$ und bezeichnen mit $\sigma_*(0)$ die untere Schranke einer Menge derjenigen $\sigma(0)$-Werte, bei welchen das völlige Auseinanderfliegen sämtlicher Körper eines Systems vorkommt. Die Existenz der unteren Schranke ist vermöge der Ungleichheit (2.8) offenbar. Es ist auch klar, daß die Ungleichung

$$\sigma_*(0) \leq f(\gamma, \mu, \varrho(0)) \tag{2.10}$$

bei allen Werten von γ, μ, $\varrho(0)$ erfüllt ist.

Wir wollen ein in den Mechanikaufgaben gewöhnlich verwendetes Einheitensystem, in dem Zeiteinheiten T, Längeneinheiten L und Masseneinheiten M grundlegend sind, nehmen. Die uns interessierenden Parameter besitzen folgende Dimensionen:

$$\begin{aligned} [\varrho(0)] &= L, \\ [\sigma_*(0)] &= LT^{-1}, \\ [\mu] &= M, \\ [\gamma] &= L^3T^{-2}M^{-1}. \end{aligned} \tag{2.11}$$

Wir verfügen somit über vier Parameter, drei Grundeinheiten und die Ungleichheit (2.10), d. h., unsere Bedingungen entsprechen dem Satz 2.1, von welchem wir Gebrauch machen und $n = 3$ zu setzen haben. Nach diesem Satz gilt

$$\sigma^*(0) \leq C\gamma^x \mu^y \varrho(0)^z, \tag{2.12}$$

worin die Potenzexponenten x, y, z vorläufig unbekannt sind. Zur Bestimmung derselben setzen wir die Dimensionen der rechten und der linken Seite der Ungleichheit einander gleich und erhalten:

$$LT^{-1} = T^{-2x}L^{3x}M^{-x}M^yL^z$$

oder

$$LT^{-1} = L^{3x+z}T^{-2x}M^{y-x}.$$

Wenn wir die Potenzexponenten nach jeder Grundeinheit auf linker und rechter Seite dieser Gleichheit einander gleichsetzen, so erhalten wir die Gleichungen:

$$\begin{aligned} 2x &= 1, \\ y - x &= 0, \\ 3x + z &= 1. \end{aligned}$$

Aus deren Auflösung finden wir:

$$x = \frac{1}{2}, \quad y = \frac{1}{2}, \quad z = -\frac{1}{2}.$$

Setzen wir die gefundenen Werte von x, y und z in die Ungleichheit (2.12) ein, so bekommen wir

$$\sigma_*(0) \leq C \sqrt{\frac{\gamma \mu}{\varrho(0)}}. \tag{2.13}$$

Hat man das in theoretischen Untersuchungen übliche Einheitensystem im Auge, in dem $\gamma = 1$ ist, so läßt sich das eben gefundene Kriterium so schreiben:

$$\sigma_*(0) \leq C \sqrt{\frac{\mu}{\varrho(0)}}. \tag{2.13a}$$

Das von uns gewonnene Ergebnis bedeutet, daß

$$f(\gamma, \mu, \varrho(0)) = C \sqrt{\frac{\gamma \mu}{\varrho(0)}}$$

ist; demnach nimmt das Kriterium (2.9) die folgende Gestalt an:

$$\sigma(0) > C \sqrt{\frac{\mu}{\varrho(0)}} \quad (\gamma = 1). \tag{2.14}$$

Der C-Wert und die Gestalt der funktionalen Abhängigkeit des μ von m_0, $m_1, \ldots, m_{n-1}$ lassen sich mit Hilfe der Dimensionstheorie nicht gewinnen. Die Analyse der Dimensionen liefert also keine endgültigen hinreichenden Bedingungen für die Verwirklichung der uns interessierenden Bewegungen von n gravitierenden Körpern, gibt aber dagegen die analytische Kriteriumsform an. Weiterhin werden wir sehen, daß die gewonnenen Ergebnisse durch die unmittelbare Analyse der Bewegungsgleichungen bestätigt werden.

Zum Schluß wollen wir die von uns ausgeführte Untersuchung noch von methodologischer Seite aus betrachten.

Die Ungleichheit (2.9) ist von uns aus allgemeinen physikalischen Erwägungen gewonnen worden. Dieser Teil der Untersuchung hängt mit der Dimensionsanalyse nicht zusammen. Bildlich gesprochen, geht die Ungleichheit (2.9) in die „Kompetenz" der Dimensionstheorie nicht ein, und dieselbe kann nicht für diese Ungleichheit „verantwortlich" sein. Aus der Dimensionsanalyse geht nur das Folgende hervor: *Wenn die Ungleichheit* (2.9) *im Prinzip richtig ist, so hat sie die Gestalt* (2.14). Ob die Ungleichheit (2.9) als eine Form des hinreichenden Kriteriums für die Verwirklichung dieses oder jenes Bewegungstypus richtig oder falsch ist — diese Frage ist durch die Dimensionsanalyse prinzipiell nicht zu entscheiden.

In dieser Hinsicht ist es von Interesse, das Folgende zu bemerken. Unsere Überlegungen gelten nicht für den Fall, wo $\sigma(0) < 0$ ist. In der Tat: Wenn wir die Ungleichheit (2.9) in der Gestalt

$$|\sigma(0)| > f(\gamma, \mu, \varrho(0)) \tag{2.15}$$

hinschreiben, so können wir — wie es auf den ersten Blick scheint — unsere Überlegungen wiederholen und ein ähnliches, aber allgemeineres Ergebnis gewinnen. In Wirklichkeit ist das jedoch nicht der Fall. Nehmen wir tatsächlich an, daß

$\sigma(0) < 0$ ist, so haben wir kein Recht, vorauszusetzen, die Frage werde durch die Ungleichheiten (2.9) und (2.14) entschieden. Bei $\sigma(0) < 0$ sind enge Näherungen von gravitierenden Körpern möglich, während deren die Gravitationswechselwirkungen zu einem solchen Energieaustausch führen können, daß ein Teil von den Körpern mit übermäßig erhöhter Geschwindigkeit ins Unendliche fortgeht und die Energie der übrigen Körper sich als unzureichend zum Auseinanderfliegen derselben erweist. Zur Formulierung der Bedingungen für das Auseinanderfliegen gravitierender Körper ist es in diesem Fall unzureichend, die Parameter $\sigma(0)$, $\varrho(0)$, μ, γ zu betrachten; es ist vielmehr ein mehr detailliertes System erforderlich, das den Anfangszustand eines Systems von gravitierenden Körpern etwas vollständiger charakterisiert. Demnach ist die Beziehung (2.14) bei $\sigma(0) < 0$ entweder durch die das umfassendere Parametersystem verknüpfende Relation zu ersetzen, oder es ist dieselbe mit den die anderen notwendigen Parameter enthaltenden Relationen zu ergänzen, oder wir haben uns gar auf die Betrachtung einer Menge solcher Anfangszustände zu beschränken, bei denen die unerwünschten engen Annäherungen nicht vorkommen.

Es sei $v_{ij}(t)$ die Gesamtgeschwindigkeit relativer Bewegung von Körpern P_i und P_j; ferner sei

$$v(t) = \min_{ij} \{v_{ij}(t)\}.$$

Es ist klar, daß es für die Verwirklichung solcher Bewegungen von gravitierenden Körpern, bei denen $\varrho(t) \to \infty$, falls $t \to +\infty$, durchaus nicht obligatorisch ist, daß gerade die Radialgeschwindigkeiten hinreichend groß sind. Diese Bewegungen lassen sich verwirklichen, wenn die Gesamtgeschwindigkeiten einer relativen Körperbewegung hinreichend groß geworden sind. Trotzdem darf man nicht $v(0)$ an Stelle von $\sigma(0)$ in der Ungleichheit (2.9) einsetzen, obgleich die Dimensionen dieser Größen identisch sind. Dies ist dadurch bedingt, daß $v(0)$ immer positiv ist. Zugleich ist ein Spezialfall möglich, wo $v(0) = |\sigma(0)|$ bei $\sigma(0) < 0$ ist. Wir haben aber oben gesehen, daß sich das Kriterium der Form (2.9) auf derartige Spezialfälle nicht beziehen läßt. Ein jedes Kriterium für die Verwirklichung solcher Bewegungen, wo $r_{ij}(t) \to \infty$ bei $t \to +\infty$, kann folglich nicht nur $v(0)$, $\varrho(0)$, μ, γ enthalten, sondern muß auch irgendeinen weiteren Parameter beinhalten, mit dessen Hilfe die Geschwindigkeitsrichtung in diesem oder jenem Maß explizit oder implizit in Rechnung gezogen wird. Wie wir weiterhin sehen werden, ist dies durch den gleichzeitigen Gebrauch von $v(0)$ und $\sigma(0)$ zu erreichen, da ihre Differenz die Geschwindigkeitsrichtung einigermaßen charakterisiert. Auf diesem Weg kann man die Kriterien gewinnen, welche für eine hinreichend breite Menge der Werte von $\sigma(0) < 0$ ihre Kraft nicht verlieren.

Wir beschränken uns auf ein verhältnismäßig einfaches Beispiel zur Anwendung der Dimensionsmethode auf die Untersuchung über Bewegungen von mehreren gravitierenden Körpern. An diesem Beispiel sind Besonderheiten und Möglichkeiten dieser Methode genügend gut erkennbar.

Indem wir die Bilanz ziehen, müssen wir anerkennen, daß die Dimensionsmethode einer vorsichtigen und bedächtigen Behandlung, sowie eines tiefen intuitiven Vordringens ins Wesentliche einer Aufgabe bedarf. Trotzdem kann die Dimensionsmethode, als Aufklärungs- oder Aufsuchungsmittel aufgefaßt, angelegentlich empfohlen werden.

KAPITEL III

Die Methode der stetigen Induktion

1. Wir werden eine Menge $\mathfrak{M}$ betrachten, deren Elemente irgendwelche mit der Zeit t verlaufenden Vorgänge oder irgendwelche mechanischen oder physischen Systeme S samt den sich im Zeitlauf verändernden Zuständen sind.

Es sei Γ eine gewisse Eigenschaft von S. Wir werden uns weiterhin der folgenden Definition bedienen.

1) Eine Eigenschaft Γ heißt *induktiv* auf der Menge $\mathfrak{M}$, wenn für ein jedes $S \in \mathfrak{M}$ das Folgende gilt: Es ergibt sich aus der Annahme, die Eigenschaft Γ sei für sämtliche, den Ungleichheiten

$$0 \leq t < \tau$$

genügenden t-Werte erfüllt, daß dieselbe für $t = \tau$ erfüllt ist, welcher auch der Wert von τ sein mag.

2) Eine Eigenschaft Γ heißt *stetig*, wenn sich aus der Bedingung, sie sei in einem gewissen Zeitpunkt t_1 erfüllt, ergibt, daß dieselbe auch in einer gewissen Umgebung des Zeitpunktes t_1 erfüllt ist, d. h., wenn sich eine Zahl $\delta > 0$ angeben läßt, derart, daß die Eigenschaft Γ für alle die Ungleichheit

$$|t - t_1| < \delta$$

befriedigenden t erfüllt ist.

Satz 3.1 (von der stetigen Induktion). *Ist eine stetige, auf der Menge $\mathfrak{M}$ induktive Eigenschaft Γ im Anfangszeitpunkt $t = 0$ erfüllt, so wird sie bei sämtlichen Werten $t > 0$ erfüllt sein.*

Einen Zeitpunkt t nennen wir *regulär*, falls ein System S bei allen, den Ungleichheiten

$$0 \leq t' \leq t$$

genügenden t' die Eigenschaft Γ besitzt. Bezeichnen wir nun mit Q eine Menge sämtlicher regulärer Zeitpunkte. Aus der Stetigkeit der Eigenschaft Γ und aus der Bedingung, dieselbe sei im Anfangszeitpunkt $t = 0$ erfüllt, folgt, daß die Menge Q nicht leer sein kann.

Indem wir den Satz a contrario beweisen, nehmen wir an, die Eigenschaft Γ sei nicht für alle Werte von $t \geq 0$ erfüllt. Dann ist die Menge Q nach oben beschränkt; es sei $\tau = \sup Q$. Aus den Eigenschaften der oberen Schranke folgt, daß die Eigenschaft Γ für sämtliche, den Ungleichheiten

$$0 \leq t < \tau$$

genügenden t-Werte erfüllt ist. Dann ist aber vermöge der Induktivität der Eigenschaft Γ dieselbe im Zeitpunkt τ erfüllt. Überdies ist Γ doch eine stetige Eigenschaft. Demnach läßt sich eine Zahl $\delta > 0$ angeben, derart, daß die Eigenschaft Γ für alle der Ungleichheit

$$|t - \tau| < \delta$$

genügenden t erfüllt sein wird. Dann aber wird die Eigenschaft Γ für die den Ungleichheiten

$$0 \leq t \leq \tau + \frac{\delta}{2}$$

genügenden t-Werte auch erfüllt sein. Hieraus folgt, daß der Zeitpunkt

$$\tau_1 = \tau + \frac{\delta}{2} > \tau$$

regulär ist. Dies widerspricht aber der Annahme, daß τ die obere Schranke der Menge Q ist. Der Satz ist damit bewiesen.

2. Zur Anwendung des Satzes von der stetigen Induktion ist es unumgänglich, über die Kriterien dafür, daß die uns interessierenden Eigenschaften tatsächlich induktiv sein sollen, zu verfügen. Wir werden zeigen, daß derartige Kriterien in einigen hinreichend allgemeinen Fällen angegeben werden können.

Es sei

$$\omega_1, \omega_2, \ldots, \omega_\nu$$

eine Gesamtheit irgendwelcher von der Zeit abhängenden Parameter eines Systems S, die den Systemzustand zwar nicht vollständig bestimmen, denselben jedoch in dieser oder jener Hinsicht charakterisieren.

Die Gesamtheit der Funktionen

$$\omega_1, \omega_2, \ldots, \omega_\nu$$

bezeichnen wir mit $\{\omega\}$. Es möge außerdem das System von μ von der Zeit unabhängigen Parametern

$$a_1, a_2, \ldots, a_\mu$$

abhängen; deren Gesamtheit wollen wir mit $\{a\}$ bezeichnen.

Wir wollen mit $A(\{\alpha\}, \{\omega\})$ einen Operator bezeichnen, welcher einer jeden Gesamtheit der Werte von Parametern $\alpha_1, \alpha_2, \ldots, \alpha_\mu$ und einer jeden Gesamtheit der ν Funktionen $\omega_1, \omega_2, \ldots, \omega_\nu$ nach bestimmten Regeln eine stetige, für sämtliche $t \geq 0$ erklärte Funktion $\psi(t)$ zuordnet.

Wir werden nun den Fall betrachten, wo uns die Funktionen $\omega_1, \omega_2, \ldots, \omega_\nu$ unbekannt sind und unser Wissen über das System S auf die Kenntnisse eingeschränkt ist, welche darin bestehen, daß diese Funktionen und die Parameter $a_1, a_2, \ldots, a_\mu$ Beziehungen von der Gestalt

$$\omega_i(t) \geq A_i(\{a\}, \{\omega\}) \quad (i = 1, 2, \ldots, \nu) \tag{3.1}$$

befriedigen, worin A_i die durch ihre analytischen Ausdrücke bestimmten Operatoren bedeuten.

Es seien

$$f_1(t),\ f_2(t),\ \ldots,\ f_\nu(t)$$

die von uns ausgewählten stetigen, auf der Menge $t \geq 0$ erklärten Funktionen von der Zeit t, die wir die Vergleichungsfunktionen nennen wollen. Als die Eigenschaft Γ werden wir die Erfüllung der Ungleichheiten

$$\omega_i(t) > f_i(t) \qquad (i = 1, 2, \ldots, \nu)$$

auffassen.

Satz 3.2 (Das erste Theorem von der Induktivität der Ungleichheiten). *Wenn ein System S die Operatorungleichungen* (3.1) *befriedigt und wenn aus der Annahme, die Ungleichheiten*

$$\omega_i(t) > f_i(t) \qquad (i = 1, 2, \ldots, \nu) \tag{3.2}$$

seien auf dem von rechts offenen Intervall $[0, \tau)$ *erfüllt, für jedes* $\tau \geq 0$ *das Erfülltsein der Ungleichheiten*

$$A_i(\{a\},\ \{\omega\}) \geq A_i(\{a\},\ \{f\}) \tag{3.3}$$

folgt, so wird die Eigenschaft (3.2) *auf der Menge* $\mathfrak{M}$ *solcher Systeme* S *induktiv sein, für welche die Ungleichheiten*

$$A_i(\{a\},\ \{f\}) - f_i(t) > 0 \qquad (i = 1, 2, \ldots, \nu) \tag{3.4}$$

bei sämtlichen $t \geq 0$ *erfüllt sind.*

Wir schreiben die Ungleichheiten (3.1) in der Gestalt

$$\omega_i(t) - f_i(t) \geq A_i(\{a\},\ \{\omega\}) - f_i(t) \qquad (i = 1, 2, \ldots, \nu) \tag{3.5}$$

hin und nehmen bei der Wahl eines willkürlichen $\tau > 0$ an, daß

$$\omega_i(t) > f_i(t) \quad (i = 1, 2, \ldots, \nu) \quad \text{bei} \quad 0 \leq t < \tau \quad \text{ist}. \tag{3.6}$$

Indem wir die Ungleichungen (3.5) für die der Bedingung $0 \leq t < \tau$ genügenden t-Werte betrachten und von den vermöge der Beziehung (3.6) geltenden Ungleichheiten (3.3) Gebrauch machen, dürfen wir schreiben:

$$\omega_i(t) - f_i(t) \geq A_i(\{a\},\ \{f\}) - f_i(t) \qquad (i = 1, 2, \ldots, \nu).$$

Wenn wir beachten, daß $\omega_i(t)$, $f_i(t)$ und $A_i(\{a\},\ \{\omega\})$ stetige Funktionen von t sind, überdies auch die Bedingungen (3,4) in Erwägung ziehen und zum Grenzwert bei $t \to \tau$ übergehen, erhalten wir

$$\omega_i(\tau) - f_i(\tau) \geq A_i(\{a\},\ \{f\}) - f_i(\tau) > 0 \quad (i = 1, 2, \ldots, \nu)$$

oder

$$\omega_i(\tau) > f_i(\tau) \quad (i = 1, 2, \ldots, \nu). \tag{3.7}$$

Wir haben somit gezeigt, daß die Ungleichheit (3.7) aus (3.6) folgt. Der Satz ist also bewiesen.

3. Wir wollen nunmehr einen komplizierteren Fall des Satzes von der Induktivität der Ungleichheiten betrachten, welchen wir in zwei gleichlaufenden Varianten beweisen werden.

Es würde bei uns zwei Gesamtheiten der von der Zeit abhängigen Parameter eines Systems S geben:

$$\omega_1, \omega_2, \ldots, \omega_\nu,$$

$$\delta_1, \delta_2, \ldots, \delta_\nu,$$

welche zwar einen Systemzustand nicht vollständig bestimmen, denselben jedoch in dieser oder jener Hinsicht charakterisieren. Ferner hinge der Systemzustand nach wie vor von μ von der Zeit unabhängigen Parametern $a_1, a_2, \ldots, a_\mu$ ab. Wir werden den Fall betrachten, wo die Funktionen $\omega_1, \omega_2, \ldots, \omega_\nu$ und $\delta_1, \delta_2, \ldots, \delta_\nu$ unbekannt sind und unser Wissen über das System S auf Kenntnisse beschränkt ist, die darin bestehen, daß diese Funktionen und die Parameter $a_1, a_2, \ldots, a_\mu$ die Beziehungen von der Gestalt befriedigen

$$\delta_i(t) \leq A_i(\{a\}, \{\omega\})$$

$$(i = 1, 2, \ldots, \nu),$$

$$(\delta_i(t) \geq A_i(\{a\}, \{\omega\})), \tag{3.8}$$

worin A_i die durch ihre analytischen Ausdrücke bestimmten Operatoren sind.

Es seien

$$\varphi_1(t), \varphi_2(t), \ldots, \varphi_\nu(t),$$

$$f_1(t), f_2(t), \ldots, f_\nu(t)$$

die von uns ausgewählten stetigen, auf der Menge $t \geq 0$ erklärten Funktionen der Zeit t, welche wir die „Vergleichsfunktionen" nennen werden. Wir werden voraussetzen, daß sie folgende Eigenschaft besitzen: Aus der Annahme, die Ungleichungen

$$\delta_i(t) \leq \varphi_i(t)$$

$$(i = 1, 2, \ldots, \nu),$$

$$(\delta_i(t) \geq \varphi_i(t)) \tag{3.9}$$

seien im Gebiet $0 \leq t < \tau$ erfüllt, folgt, daß die Ungleichungen

$$\omega_i(t) \geq f_i(t) \quad (i = 1, 2, \ldots, \nu) \tag{3.10}$$

für sämtliche t-Werte erfüllt sind.

Obgleich uns die Funktionen $\omega_i(t)$ und $\delta_i(t)$ unbekannt sind, lassen sich jedoch nicht selten derartige Zusammenhänge aus der mechanischen oder physikalischen Bedeutung dieser Funktionen oder aus anderen, der Kenntnis der analytischen Ausdrücke für diese Funktionen nicht bedürfenden Überlegungen aufstellen.

Als die Eigenschaft Γ werden wir die Erfüllung der Ungleichheit (3.9) auffassen.

Satz 3.3 (Das zweite Theorem von der Induktivität der Ungleichheiten). *Genügt ein System S den Operatorungleichheiten* (3.8) *und ergibt sich bei einem jeden $\tau > 0$ aus der Annahme, die Ungleichheiten* (3.10) *seien auf einem von rechts offenen Intervall erfüllt, die Gültigkeit der Ungleichheiten*

$$A_i(\{a\}, \{\omega\}) \leq A_i(\{a\}, \{f\})$$
$$(i = 1, 2, \ldots, \nu),$$
$$(A_i(\{a\}, \{\omega\}) \geq A_i(\{a\}, \{f\})), \tag{3.11}$$

so wird die Eigenschaft (3.9) (*und die sich daraus ergebende Eigenschaft* (3.10)) *auf einer Menge $\mathfrak{M}$ solcher Systeme S induktiv sein, für welche die Ungleichheiten*

$$A_i(\{a\}, \{f\}) - \varphi_i(t) < 0$$
$$(i = 1, 2, \ldots, \nu),$$
$$(A_i(\{a\}, \{f\}) - \varphi_i(t) > 0) \tag{3.12}$$

bei sämtlichen $t \geq 0$ erfüllt sind.

Wir schreiben die Ungleichheiten (3.8) in der Gestalt

$$\delta_i(t) - \varphi_i(t) \leq A_i(\{a\} \{\omega\}) - \varphi_i(t)$$
$$(i = 1, 2, \ldots, \nu),$$
$$(\delta_i(t) - \varphi_i(t) \geq A_i(\{a\}, \{\omega\}) - \varphi_i(t) \tag{3.13}$$

und nehmen bei der Wahl eines willkürlichen $\tau > 0$ an, daß

$$\delta_i(t) < \varphi_i(t)$$
$$(i = 1, 2, \ldots, \nu),$$
$$(\delta_i(t) > \varphi_i(t)) \tag{3.14}$$

für $0 \leq t < \tau$ ist. Dann werden aber bei denselben t-Werten die Ungleichheiten

$$\omega_i(t) > f_i(t) \quad (i = 1, 2, \ldots, \nu) \tag{3.15}$$

erfüllt sein.

Indem wir die Ungleichheiten (3.13) für die der Bedingung $0 \leq t < \tau$ genügenden t-Werte betrachten und von den vermöge der Beziehung (3.15) geltenden Ungleichheiten (3.11) Gebrauch machen, dürfen wir schreiben:

$$\delta_i(t) - \varphi_i(t) \leq A_i(\{a\}, \{f\}) - \varphi_i(t)$$
$$(i = 1, 2, \ldots, \nu),$$
$$(\delta_i(t) - \varphi_i(t) \geq A_i(\{a\}, \{f\}) - \varphi_i(t).$$

Wenn wir beachten, daß $\omega_i(t)$, $\delta_i(t)$, $f_i(t)$, $\varphi_i(t)$ und $A_i(\{a\}, \{\omega\})$ stetige Funktionen von t sind, die Bedingung (3.12) benutzen und zum Grenzwert für $t \to \tau$

übergehen, so erhalten wir

$$\delta_i(\tau) - \varphi_i(\tau) \leq A_i(\{a\}, \{f\}) - \varphi_i(\tau) < 0$$
$$(i = 1, 2, \ldots, \nu),$$
$$(\delta_i(\tau) \geq A_i(\{a\}, \{f\}) - \varphi_i(\tau) > 0),$$

also

$$\delta_i(\tau) < \varphi_i(\tau)$$
$$(i = 1, 2, \ldots, \nu),$$
$$(\delta_i(\tau) > \varphi_i(\tau)), \tag{3.16}$$

woraus seinerseits folgt:

$$\omega_i(\tau) > f_i(\tau) \quad (i = 1, 2, \ldots, \nu).$$

Wir haben somit gezeigt, daß die Ungleichung (3.16) aus (3.14) folgt. Der Satz ist damit bewiesen.

4. Wir wollen nun Beispiele zur Anwendung der Sätze von der stetigen Induktion und von der Induktivität der Ungleichheiten auf die Qualitativanalyse der gravitierenden Körper betrachten.

Beginnen wir mit dem ersten Satz über die Induktivität der Ungleichheiten.

Wir nehmen ein System von n gravitierenden Körpern $P_0, P_1, \ldots, P_{n-1}$ mit den Massen $m_0, m_1, \ldots, m_{n-1}$, und es sei

$$\mu_{ij} = \frac{m_i m_j}{m_i + m_j}.$$

Wir werden die Jacobischen Koordinaten verwenden. Zunächst wollen wir die Bewegung des Punktes P_1 in bezug auf den Punkt P_0 betrachten. Wenn wir die Identität

$$r_{01}^2 = \xi_1^2 + \eta_1^2 + \zeta_1^2$$

zweimal differenzieren, erhalten wir

$$r_{01} r_{01}'' + r_{01}'^2 = \xi_1 \xi_1'' + \eta_1 \eta_1'' + \zeta_1 \zeta_1'' + \xi_1'^2 + \eta_1'^2 + \zeta_1'^2$$

oder

$$r_{01}'' = \frac{\xi_1}{r_{01}} \xi_1'' + \frac{\eta_1}{r_{01}} \eta_1'' + \frac{\zeta_1}{r_{01}} \zeta_1'' + \frac{\xi_1'^2 + \eta_1'^2 + \zeta_1'^2 - r_{01}'^2}{r_{01}}.$$

Wenn wir beachten, daß

$$\frac{\xi_1'^2 + \eta_1'^2 + \zeta_1'^2 - r_{01}'^2}{r_{01}} \geq 0$$

ist, so finden wir

$$r_{01}'' \geq \frac{\xi_1}{r_{01}} \xi_1'' + \frac{\eta_1}{r_{01}} \eta_1'' + \frac{\zeta_1}{r_{01}} \zeta_1''.$$

Wenn wir die erste der Gleichungen (1.7) benutzen, erhalten wir

$$r''_{01} \geq \frac{1}{\mu_{01}} \left(\frac{\xi_1}{r_{01}} \frac{\partial U}{\partial \xi_1} + \frac{\eta_1}{r_{01}} \frac{\partial U}{\partial \eta_1} + \frac{\zeta_1}{r_{01}} \frac{\partial U}{\partial \zeta_1} \right).$$

Wir bezeichnen mit l die Richtung der den Punkt P_0 mit dem Punkt P_1 verbindenden Gerade. Dann läßt sich die letzte Ungleichung in folgender Gestalt schreiben:

$$r''_{01} \geq \frac{1}{\mu_{01}} \frac{\partial U}{\partial l}. \tag{3.17}$$

Indem wir die Potentialfunktion U nach der l-Richtung differenzieren, finden wir

$$\frac{\partial U}{\partial l} = - \sum_{ij} \frac{m_i m_j}{r_{ij}^2} \frac{\partial r_{ij}}{\partial l}.$$

Aus einfachen geometrischen Erwägungen ergibt sich, daß

$$\left| \frac{\partial r_{ij}}{\partial l} \right| \leq 1$$

ist, daher folgt:

$$\frac{\partial U}{\partial l} \geq - \sum_{ij} \frac{m_i m_j}{r_{ij}^2}. \tag{3.18}$$

Aus den Ungleichungen (3.17) und (3.18) folgt, daß

$$r''_{01} \geq \frac{1}{\mu_{01}} \sum_{ij} \frac{m_i m_j}{r_{ij}^2}.$$

Wir haben diese Ungleichung gewonnen, indem wir die Bewegung des Punktes P_1 in bezug auf P_0 betrachteten. Wir können aber die Bewegung eines beliebigen Punktes P_s in bezug auf einen beliebigen Punkt P_k betrachten; demnach ist auch

$$r''_{ks} \geq - \frac{1}{\mu_{ks}} \sum_{ij} \frac{m_i m_j}{r_{ij}^2}.$$

Schließlich, wenn wir diese Ungleichungen nach der Zeit zwischen den Grenzen von 0 bis $t > 0$ zweimal integrieren, erhalten wir das folgende System von Integralungleichheiten:

$$r_{ks}(t) \geq r_{ks}(0) + r'_{ks}(0)\,t - \frac{1}{\mu_{ks}} \sum_{ij} \int_0^t \int_0^t \frac{m_i m_j}{r_{ij}^2}\, dt\, dt. \tag{3.19}$$

Wir werden uns der Ungleichungen (3.19) zur Entscheidung der Frage über hinreichende Bedingungen bedienen, bei deren Erfüllung die Entfernung jedes Körpers von den übrigen bei $t \to +\infty$ unbeschränkt zunimmt, so daß eine vollständige Zerstreuung des Systems vonstatten geht. Dies wird jedenfalls eintreten, wenn die Ungleichungen

$$r_{ks}(t) > \frac{r_{ks}(0)}{2} + \frac{r'_{ks}(0)}{2} t \quad (*)$$

bei sämtlichen $t \geq 0$ erfüllt sind.

Zur Auflösung der gestellten Aufgabe ist es am bequemsten, den ersten Satz von der Induktivität der Ungleichheiten zu benutzen.

Als Funktionen $\omega_i(t)$ werden wir die gegenseitigen Abstände $r_{ks}(t)$ betrachten und als Parameter a_i die Anfangswerte der gegenseitigen Abstände $r_{ks}(0)$, sowie deren Ableitungen $r'_{ks}(0)$ und die Massen $m_0, m_1, \ldots, m_{n-1}$ auffassen.

In Übereinstimmung mit der Ungleichung (*) ist es natürlich, die Vergleichsfunktionen folgendermaßen auszuwählen:

$$f_{ks}(t) = \frac{r_{ks}(0)}{2} + \frac{r'_{ks}(0)}{2} t.$$

Die Operatoren A definieren wir wie folgt

$$A_{ks} = r_{ks}(0) + r'_{ks}(0)t - \frac{1}{\mu_{ks}} \sum_{ij} \int_0^t \int_0^t \frac{m_i m_j}{r_{ij}^2} dt\, dt, \tag{3.20}$$

indem wir die Ungleichungen (3.19) benutzen. Als die Eigenschaft Γ werden wir die Erfüllung der Ungleichheiten

$$r_{ks}(t) > f_{ks}(t) \tag{3.21}$$

ansehen. Die Einschränkungen des Satzes 3.2 sind erfüllt, da aus der Annahme, die Ungleichheiten (3.21) seien auf dem von rechts offenen Intervall $[0, t)$ erfüllt, die Erfüllung der Ungleichungen

$$-\frac{1}{\mu_{ks}} \sum_{ij} \int_0^t \int_0^t \frac{m_i m_j}{r_{ij}^2} dt\, dt > -\frac{1}{\mu_{ks}} \sum_{ij} \int_0^t \int_0^t \frac{m_i m_j}{f_{ij}^2} dt\, dt$$

folgt. Dann aber wird die Erfüllung der Ungleichungen (3.21) vermöge des Satzes 3.2 eine induktive Eigenschaft für solche Systeme von n gravitierenden Körpern sein, für welche die Ungleichungen

$$\frac{r_{ks}(0)}{2} + \frac{r'_{ks}(0)}{2} t - \frac{1}{\mu_{ks}} \sum_{ij} \int_0^t \int_0^t \frac{m_i m_j}{\left(\frac{r_{ij}(0)}{2} + \frac{r'_{ij}(0)}{2} t\right)^2} dt\, dt > 0 \tag{3.22}$$

bei sämtlichen $t \geq 0$ erfüllt sind. Diese Ungleichungen sind als Bedingungen anzusehen, durch welche die zugehörigen $r_{ij}(0)$- und $r'_{ij}(0)$-Werte bestimmt werden.

Indem wir die auf der linken Seite aufgeschriebenen Integrale berechnen, finden wir

$$\int_0^t\int_0^t \frac{m_i m_j}{\left(\frac{r_{ij}(0)}{2}+\frac{r'_{ij}(0)}{2}\,t\right)^2}\,dt\,dt = \frac{4m_i m_j}{r_{ij}(0)\,r'_{ij}(0)}\,t - \frac{4m_i m_j}{r'^2_{ij}(0)}\ln\left(1+\frac{r'_{ij}(0)}{r_{ij}(0)}\,t\right).$$

Setzen wir die für die Integrale gewonnenen Ausdrücke in die Ungleichungen (3.22) ein, so erhalten wir nach einfachen Transformationen

$$\left\{\frac{r'_{ks}(0)}{2}-\frac{1}{\mu_{ks}}\sum_{ij}\frac{4\,m_i m_j}{r_{ij}(0)\,r'_{ij}(0)}\right\}t+\frac{r_{ks}(0)}{2}+$$

$$+\frac{1}{\mu_{ks}}\sum_{ij}\frac{4\,m_i m_j}{r'^2_{ij}(0)}\ln\left(1+\frac{r'_{ij}(0)}{r_{ij}(0)}\,t\right)>0. \qquad (3.23)$$

Das zweite und das dritte Glied linker Seite sind bei einem jeden Wert von $t > 0$ positiv. Folglich werden die gewonnenen Ungleichungen bei einem jeden $t > 0$ erfüllt sein, falls im ersten Glied linker Seite der Faktor bei t positiv ist, d. h. falls

$$\frac{r'_{ks}(0)}{2}-\frac{1}{\mu_{ks}}\sum_{ij}\frac{4\,m_i m_j}{r_{ij}(0)\,r'_{ij}(0)}>0$$

sein wird. Unter Erfüllung dieser Bedingungen werden die Ungleichungen (3.21) bei allen $t > 0$ gültig sein, falls sie bei $t = 0$ gelten. Das Letztere ist ja erfüllt, da

$$f_{ks}(0)=\frac{r_{ks}(0)}{2}$$

ist.

Wir können demnach den folgenden Satz formulieren:

Satz 3.4. *Sind in einem System von gravitierenden Körpern im Anfangszeitpunkt $t = 0$ die Bedingungen*

$$r_{ij}\,(0)>0,$$

$$\frac{r'_{ij}(0)}{2}-\frac{1}{\mu_{ks}}\sum_{ij}\frac{4\,m_i m_j}{r_{ij}(0)\,r'_{ij}(0)}>0 \qquad (3.24)$$

erfüllt, so nehmen die gegenseitigen Abstände r_{ij} zwischen den Körpern bei $t \to +\infty$ unbeschränkt zu.

5. Das von uns gewonnene Kriterium (3.24) hat sich als ziemlich einfach erwiesen, doch ist dasselbe freilich etwas umfangreich. Indem man dieses Kriterium abschwächt, kann man dasselbe in leicht übersichtbarer Form gewinnen.

Wir führen folgende Bezeichnungen ein:

$$\varrho(t) = \min_{ij} \{r_{ij}(t)\},$$

$$\sigma(t) = \min_{ij} \left\{\frac{dr_{ij}(t)}{dt}\right\},$$

$$M^* = \frac{\sum_{ij} m_i m_j}{\min \mu_{ij}}.$$

Es ist nicht schwer, sich zu überzeugen, daß die Bedingungen (3.24) erfüllt sein werden, falls

$$\sigma(0) > 0,$$

$$\sigma^2(0) > \frac{8M^*}{\varrho(0)} \tag{3.25}$$

ist. Somit werden die gegenseitigen Abstände r_{ij} zwischen gravitierenden Körpern unter Erfüllung der Bedingungen (3.25) bei $t \to +\infty$ unbeschränkt zunehmen.

Wir wollen bemerken, daß die Bedingungen (3.25) gerade diejenige analytische Form haben, die von uns im Kapitel II durch die Methode der Dimensionstheorie gewonnen wurde.

6. Wir wollen nun ein System von n gravitierenden Körpern $P_0, P_1, \ldots, P_{n-1}$ betrachten; deren Bewegung werden wir in Jacobischen Koordinaten beschreiben. Wir setzen $\varrho = \varrho_{n-1}$, worin ϱ_{n-1} den Abstand des Körpers P_{n-1} vom Schwerpunkt der übrigen Körper bedeutet. Wir wählen nun eine positive Zahl $\alpha \leq 1$ aus und betrachten eine Sphäre $S(\alpha)$ mit dem Zentrum im Punkt P_{n-1} und dem Radius $R = \alpha\varrho$. Das Zentrum der Sphäre $S(\alpha)$ bewegt sich also mit dem Punkt P_{n-1} zusammen, ihr Radius aber ändert sich mit dem Zeitlauf. Wir werden sagen, daß eine α-Annäherung zwischen dem Körper P_{n-1} und irgendeinem Körper P_i im Zeitpunkt t stattgefunden hat, wenn sich der Körper P_i in diesem Zeitpunkt innen oder auf der Grenze der Sphäre $S(\alpha)$ befindet.

Indem wir die Identität

$$\varrho = \xi_{n-1}^2 + \eta_{n-1}^2 + \zeta_{n-1}^2$$

nach der Zeit zweimal differenzieren und die von uns in § 4 auf r_{01} angewandten Transformationen ausführen, erhalten wir

$$\varrho'' \geq \frac{1}{\mu_{n-1}} \cdot \frac{\partial U}{\partial l}, \tag{3.26}$$

worin l die Richtung der den Schwerpunkt der Punkte $P_0, P_1, \ldots, P_{n-2}$ mit dem Punkt P_{n-1} verbindenden Gerade bedeutet. Wenn wir beachten, daß nur die Abstände zwischen dem Punkt P_{n-1} und den übrigen Punkten des Systems sich bei Differentiation nach der l-Richtung verändern, erhalten wir

$$\frac{\partial U}{\partial l} = -\sum_{i=0}^{n-2} \frac{m_i m_{n-1}}{r_{i,\,n-1}^2} \cdot \frac{\partial r_{i,\,n-1}}{\partial l}.$$

Aus den einfachen geometrischen Erwägungen ergibt sich:

$$\left|\frac{\partial r_{i,\,n-1}}{\partial l}\right| \leq 1.$$

Demnach ist

$$\frac{\partial U}{\partial l} \geq -\sum_{i=0}^{n-2} \frac{m_i m_{n-1}}{r_{i,\,n-1}^2}. \tag{3.27}$$

Aus den Ungleichungen (3.26) und (3.27) folgt

$$\varrho'' \geq -\frac{1}{\mu_{n-1}} \sum_{i=0}^{n-2} \frac{m_i m_{n-1}}{r_{i,\,n-1}^2}.$$

Setzt man voraus, daß keine α-Annäherungen des Körpers P_{n-1} mit den übrigen Körpern des Systems bei $t \geq 0$ vorkommen, so ist

$$r_{i,\,n-1} > \varrho;$$

wir erhalten dann aber, indem wir die letzte Ungleichung verschärfen

$$\varrho'' \geq \frac{M}{\alpha^2 \varrho}, \tag{3.28}$$

wobei

$$M = \sum_{i=0}^{n-1} m_i$$

ist. Schließlich, wenn wir die Ungleichung (3.28) nach der Zeit zwischen den Grenzen 0 bis $t > 0$ zweimal integrieren, gewinnen wir die Integralungleichheit

$$\varrho(t) > \varrho(0) + \varrho'(0)t - \frac{M^2}{\alpha^2} \int_0^t \int_0^t \frac{dt\,dt}{\varrho^2}. \tag{3.29}$$

Satz 3.5. *Sind in einem System von n gravitierenden Körpern $P_0, P_1, \ldots, P_{n-1}$ die Bedingungen*

$$\varrho'(0) > 0,$$

$$\varrho'^2(0) - \frac{8M}{\alpha \varrho(0)} > 0 \tag{3.30}$$

im Anfangszeitpunkt $t = 0$ erfüllt, und finden die α-Annäherungen des Körpers P_{n-1} mit anderen Körpern bei keinem Wert von $t \geq 0$ statt, so nehmen die Abstände des Körpers P_{n-1} von den übrigen Körpern des Systems bei $t \to +\infty$ unbeschränkt zu.

Die Integralungleichheit (3.29) ist von ein und demselben Typus wie eben auch die Ungleichungen des Systems (3.19) sind. Indem wir den ersten Satz von der

Induktivität der Ungleichungen darauf anwenden und dieselben Überlegungen wiederholen, mit deren Hilfe der Satz 3.4 bewiesen wurde, erhalten wir den Beweis des eben formulierten Satzes.

7. Wir wollen nunmehr einige Fälle der Anwendung des zweiten Satzes von der Induktivität der Ungleichungen betrachten. Als erstes Beispiel ist es nützlich, irgendeinen mit Hilfe des ersten Satzes von der Induktivität der Ungleichungen bereits erforschten Fall zu betrachten. Kommen wir zum Beispiel auf den Satz 3.5 zurück und beweisen wir denselben in etwas verstärkter Formulierung.

Einige dabei gewonnenen Ergebnisse werden für uns weiterhin von Nutzen sein.

Satz 3.5a. *Sind in einem System von n gravitierenden Körpern $P_0, P_1, \ldots, P_{n-1}$ die Bedingungen*

$$\varrho'(0) > 0,$$

$$\varrho'^2(0) - \frac{2M}{\alpha\varrho(0)} > 0$$

im Anfangszeitpunkt $t = 0$ erfüllt und finden die α-Annäherungen des Körpers P_{n-1} mit anderen Körpern bei keinem Wert $t \geq 0$ statt, so sind die Ungleichungen

$$\varrho'(t) > \frac{\varrho'(0)}{2}, \tag{3.31}$$

$$\varrho(t) \geq \varrho(0) + \frac{\varrho'(0)}{2}\,t \tag{3.32}$$

für alle $t > 0$ erfüllt und folglich $\varrho(t) \to \infty$ bei $t \to +\infty$; demnach nehmen aber die Abstände des Körpers P_{n-1} von den übrigen Körpern des Systems bei $t \to +\infty$ unbeschränkt zu.

Um den Satz zu beweisen, werden wir von der Ungleichung (3.28) ausgehen. Indem wir dieselbe nach der Zeit t zwischen Grenzen von 0 bis $t > 0$ integrieren, erhalten wir

$$\varrho'(t) \geq \varrho'(0) - \frac{M}{\alpha^2}\int_0^t \frac{dt}{\varrho^2}.$$

Die zweite Variante des Satzes 3.3 verwendend, setzen wir

$$\delta(t) = \varrho'(t),$$

$$\omega(t) = \varrho(t)$$

und definieren den Operator A durch die Gleichung

$$A = \varrho'(0) - \frac{M}{\alpha^2}\int_0^t \frac{dt}{\varrho^2}.$$

Als Vergleichsfunktionen nehmen wir

$$\varphi(t) = \frac{\varrho'(0)}{2},$$

$$f(t) = \varrho(0) + \frac{\varrho'(0)}{2}\,t.$$

Vorerst ist es notwendig, sich zu überzeugen, daß die Einschränkungen des Satzes 3.3 in dem in Betracht kommenden Fall erfüllt sind. Bei unserer Wahl der Funktionen $\delta(t)$, $\omega(t)$, $\varphi(t)$ und $f(t)$ ist die Einschränkung (3.9) offenbar erfüllt. Auch der Operator A genügt den notwendigen Einschränkungen, da aus der Annahme, die Ungleichung $\mathrm{P}(t) > f(t)$ sei dem Gebiet $0 \leq t < \tau$ erfüllt, sich ergibt, daß die Ungleichung

$$\varrho'(0) = \frac{M}{\alpha^2}\int\limits_0^t \frac{dt}{\varrho^2} > \varrho'(0) - \frac{M}{\alpha^2}\int\limits_0^t \frac{dt}{f^2}$$

für dieselben t-Werte erfüllt ist. Dann wird die Erfüllung der Ungleichung (3.31) und der daraus hervorgehenden Ungleichung (3.32) vermöge des Satzes 3.3 eine induktive Eigenschaft für solche Systeme von n gravitierenden Körpern sein, für welche die Ungleichung

$$\frac{\varrho'(0)}{2} - \frac{M}{\alpha^2}\int\limits_0^t \frac{dt}{\left(\varrho(0) + \frac{\varrho'(0)}{2}\,t\right)^2} > 0$$

bei allen $t \geq 0$ erfüllt ist, welche nach Integration die Gestalt annimmt:

$$\frac{\varrho'(0)}{2} - \frac{2M}{\alpha^2\,\varrho(0)\,\varrho'(0)} + \frac{2M}{\alpha^2\left(\varrho(0) + \frac{\varrho'(0)}{2}\,t\right)^2} > 0.$$

Es ist leicht zu sehen, daß diese Ungleichung unter Erfüllung der Satzvoraussetzungen für sämtliche $t \geq 0$ erfüllt ist. Folglich sind die Eigenschaften (3.31) und (3.32) unter den Satzbedingungen induktiv, und da dieselben im Anfangszeitpunkt $t = 0$ erfüllt sind, so gelten sie auch für alle $t \geq 0$.

Der Satz ist damit bewiesen.

8. Wir wollen nunmehr einige Anwendungen des zweiten Satzes von der Induktivität der Ungleichungen betrachten.

Wir nehmen ein System von n gravitierenden Körpern $P_0, P_1, \ldots, P_{n-1}$ mit den Massen $m_0, m_1, \ldots, m_{n-1}$; um ihre Bewegungen zu beschreiben, machen wir von den Gleichungen (1.12) Gebrauch. Indem wir diese Gleichungen nach der Zeit zwischen den Grenzen von 0 bis $t > 0$ integrieren, erhalten wir

$$\bar{r}'_{ik} - \bar{r}'_{ik}(0) = -m_k \int_0^t \frac{\bar{r}_{ik}}{r_{ik}^3} dt + \sum_{\substack{j=1 \\ j \neq i,k}}^{n-1} m_j \int_0^t \frac{\bar{r}_{ij}}{r_{ij}^3} dt - \sum_{\substack{j=1 \\ j \neq k}}^{n-1} m_j \int_0^t \frac{\bar{r}_{jk}}{r_{jk}^3} dt,$$

woraus sich ergibt

$$|\bar{r}'_{ik} - \bar{r}'_{ik}(0)| \leq m_k \int_0^t \frac{dt}{r_{ik}^2} + \sum_{\substack{j=1 \\ j \neq i,k}}^{n-1} m_j \int_0^t \frac{dt}{r_{ij}^2} + \sum_{\substack{j=1 \\ j \neq k}}^{n-1} m_j \int_0^t \frac{dt}{r_{jk}^2}. \tag{3.33}$$

Indem wir den Satz 3.3 anwenden, setzen wir

$$\omega_{ik}(t) = r_{ik}^2(t),$$

$$\delta_{ik}(t) = |\bar{r}'_{ik} - \bar{r}'_{ik}(0)|$$

und die Operatoren $A_{ik}(\{a\}, \{\omega\})$ definieren wir durch die Gleichungen

$$A_{ik} = m_k \int_0^t \frac{dt}{r_{ik}^2} + \sum_{\substack{j=1 \\ j \neq i,k}}^{n-1} m_j \int_0^t \frac{dt}{r_{ij}^2} + \sum_{\substack{j=1 \\ j \neq k}}^{n-1} m_j \int_0^t \frac{dt}{r_{jk}^2}. \tag{3.34}$$

Dann können wir die Ungleichungen (3.33) als Operatorungleichheiten auffassen, die das System von n gravitierenden Körpern befriedigt.

Wenn wir die Anfangsbedingungen von der Beschaffenheit annehmen, daß

$$v_{ik}(0) - 2r'_{ik}(0) > 0,$$

$$v_{ik}^2(0) - r'^2_{ik}(0) > 0 \tag{3.35}$$

ist, und die Vergleichsfunktionen durch die Gleichungen

$$\varphi_{ik}(t) = \frac{1}{3}[v_{ik}(0) + r'_{jk}(0)],$$

$$f_{ik}(t) = \left[\frac{2}{3} v_{ik}(0) - \frac{1}{3} r'_{ik}(0)\right]^2 t^2 + 2r_{ik}(0)\left[\frac{2}{3} r_{ik}(0) - \frac{1}{3} v_{ik}(0)\right] \cdot t + r_{ik}^2(0)$$

definieren, so haben wir als eine Eigenschaft Γ die Erfüllung der Ungleichungen

$$|r'_{ik}(t) - \bar{r}'_{ik}(0)| < \frac{1}{3}[v_{ik}(0) - r'_{ik}(0)]$$

anzusehen, worin $v_{ik}(0) = |\bar{r}'_{ik}(0)|$ ist.

Zum Beweis der Induktivität der Eigenschaft Γ brauchen wir das folgende Lemma (G. A. Merman, 1953).

Lemma 3.1. *Wenn ein Vektor* $\bar{}(t)$ *die Ungleichung*

$$|\bar{r}' - \bar{r}(0)| < \varepsilon$$

im halboffenen Intervall $0 \leq t < \tau$ *befriedigt, so wird die Ungleichung*

$$r^2 > [v(0) - \varepsilon]^2 t^2 + 2r(0)\,[r'(0) - \varepsilon]t + r^2(0)$$

bei denselben t-Werten erfüllt sein, worin $v(0) = |\bar{r}'(0)|$ *bedeutet.*

Aus der Integralidentität

$$\bar{r} = \bar{r}(0) + \bar{r}'(0)t + \int_0^t [\bar{r}' - \bar{r}'(0)]\,dt$$

erhalten wir

$$r \geq |\bar{r}(0) + \bar{r}'(0)t| - \left|\int_0^t [\bar{r} - \bar{r}(0)]\,dt\right|,$$

woher vermöge der Lemmabedingung folgt:

$$r > |\bar{r}(0) + \bar{r}'(0)t| - \varepsilon t,$$

$$0 \leq t < \tau$$

oder

$$r^2 > [\bar{r}(0) + \bar{}'(0)t]^2 - 2\varepsilon|\bar{r}(0) + \bar{r}'(0)t|t + t^2,$$

womit eben das Lemma bewiesen wird, wenn man die Ungleichung

$$|\bar{r}(0) + \bar{r}'(0)t| \leq r(0) + v(0)t$$

in Betracht zieht.

Indem wir von diesem Lemma Gebrauch machen, wollen wir zeigen, wenn die Eigenschaft Γ im Gebiet $0 \leq t < \tau$ erfüllt ist, d. h., wenn die Ungleichungen

$$|\bar{r}'_{ik} - \bar{r}'_{ik}(0)| < \frac{1}{3}[v_{ik}(0) - r'_{ik}(0)] \tag{3.36}$$

gelten, so werden die Ungleichungen

$$r_{ik}^2 > \left[\frac{2}{3}v_{ik}(0) - \frac{1}{3}r'_{ik}(0)\right]^2 t^2 + 2r_{ik}(0)\left[\frac{2}{3}r'_{ik}(0) - \frac{1}{3}v_{ik}(0)\right]t + r_{ik}^2(0) \tag{3.37}$$

für dieselben t-Werte erfüllt sein.

Zum Beweis dieser Tatsache ist es hinreichend, wenn man das Lemma 3.1 verwendet,

$$r = \bar{r}_{ik},$$

$$\varepsilon = \frac{1}{3}[v_{ik}(0) - r'_{ik}(0)]$$

zu setzen und einfache Transformationen auszuführen.

Aus den die Operatoren A_{ij} definierenden analytischen Ausdrücken (3.34) geht unmittelbar hervor, daß die Erfüllung der Ungleichungen

$$m_k \int_0^t \frac{dt}{r_{ik}^2} + \sum_{\substack{j=1 \\ j \neq i,k}}^{n-1} m_j \int_0^t \frac{dt}{r_{ij}^2} + \sum_{\substack{j=1 \\ j \neq k}}^{n-1} m_j \int_0^t \frac{dt}{r_{jk}^2} < m_k \int_0^t \frac{dt}{f_{ik}} +$$

$$+ \sum_{\substack{j=1 \\ j \neq i,k}}^{n-1} m_j \int_0^t \frac{dt}{f_{ij}} + \sum_{\substack{j=1 \\ j \neq k}}^{n-1} m_j \int_0^t \frac{dt}{f_{jk}} \tag{3.38}$$

aus der Voraussetzung über die Erfüllung der Ungleichungen $r_{ik}^2(t) > f_{ik}(t)$ im Gebiet $0 \leq t < \tau$ für dieselben t-Werte folgt.

Die von uns gewonnenen Schlußfolgerungen zeigen, daß die Bedingungen des zweiten Satzes von der Induktivität der Ungleichheiten in dem in Betracht kommenden Fall erfüllt sind. Demnach ist die Erfüllung der Ungleichheiten (3.36) und der daraus hervorgehenden Ungleichheiten (3.37) eine induktive Eigenschaft für solche Systeme von n gravitierenden Körpern, für welche die Ungleichheiten

$$m_k \int_0^t \frac{dt}{f_{ik}} + \sum_{\substack{j=1 \\ j \neq i,k}}^{n-1} m_j \int_0^t \frac{dt}{f_{ij}} + \sum_{\substack{j=1 \\ j \neq k}}^{n-1} m_j \int_0^t \frac{dt}{f_{jk}} - \frac{1}{3} [v_{ik}(0) + r'_{ik}(0)] < 0 \tag{3.39}$$

bei sämtlichen $t \geq 0$ erfüllt sind.

Außerdem sind die Ungleichheiten (3.36) und (3.37) im Anfangszeitpunkt $t = 0$ automatisch erfüllt; deswegen werden die Ungleichheiten (3.36) und (3.37) für die der Bedingung (3.39) genügenden Systeme von n gravitierenden Körpern bei allen $t \geq 0$ erfüllt sein. Dann werden die gegenseitigen Abstände zwischen den Körpern vermöge der Formel (3.37) bei $t \to +\infty$ unbeschränkt zunehmen.

Es müssen noch die Bedingungen (3.39) untersucht werden.

Sämtliche in der Ungleichheit (3.39) auftretenden Integrale sind von ein und demselben Typus; wir haben nämlich bei beliebigen i- und j-Werten

$$\int_0^t \frac{dt}{f_{ij}} = \int_0^t \frac{dt}{a_{ij}t^2 + b_{ij}t + c_{ij}}, \tag{3.40}$$

worin

$$a_{ij} = \frac{2}{3}\left[[v_{ij}(0) - \frac{1}{3} r'_{ij}(0)\right]^2, \tag{3.41}$$

$$b_{ij} = \left[\frac{2}{3} r'_{ij}(0) - \frac{1}{3} v_{ij}(0)\right] \cdot 2 r_{ij}(0), \tag{3.42}$$

$$c_{ij} = r_{ij}^2(0) \tag{3.43}$$

ist.

Bekanntlich hängen die Eigenschaften und die analytische Darstellung der Integrale der Gestalt (3.40) von dem Vorzeichen der Diskriminanten

$$\Delta_{ij} = 4a_{ij}c_{ij} - b_{ij}^2$$

wesentlich ab. Indem wir die durch die Formeln (3.41), (3.42) und (3.43) gegebenen Werte von a_{ij}, b_{ij} und c_{ij} beachten und auch die Bedingungen (3.35) berücksichtigen, finden wir nach einfachen Rechnungen

$$\Delta_{ij} = \frac{4}{3} r_{ij}^2(0)\,[v_{ij}^2(0) - r_{ij}'^2\,(0)] > 0. \tag{3.44}$$

Es ist wohlbekannt, daß die quadratische Form $a_{ij}t^2 + b_{ij}t + c_{ij}$ unter der Bedingung $\Delta_{ij} > 0$ für alle t-Werte positiv ist. Daher ist

$$\int_0^t \frac{dt}{a_{ij}t^2 + b_{ij}t + c_{ij}} < \int_0^\infty \frac{dt}{a_{ij}t^2 + b_{ij}t + c_{ij}}. \tag{3.45}$$

Überdies haben wir bei $\Delta_{ij} > 0$ und bei der in unserem Fall erfüllten Bedingung $a_{ij} > 0$:

$$\int_0^\infty \frac{dt}{a_{ij}t^2 + b_{ij}t + c_{ij}} = \frac{\pi}{\sqrt{\Delta_{ij}}} - \frac{2}{\sqrt{\Delta_{ij}}} \operatorname{arctg} \frac{b_{ij}}{\sqrt{\Delta_{ij}}}.$$

Indem wir beachten, daß aus der Gleichheit (3.43) und der ersten der Bedingungen (3.35) $b_{ij} < 0$ folgt, finden wir aus der letzten Gleichheit

$$\int_0^\infty \frac{dt}{a_{ij}t^2 + b_{ij}t + c_{ij}} < \frac{\pi}{\sqrt{\Delta_{ij}}}. \tag{3.46}$$

Schließlich erhalten wir aus (3.40), (3.44), (3.45), und (3.46) das Resultat, daß die Ungleichheiten

$$\int_0^t \frac{dt}{f_{ij}} < \frac{\pi}{\frac{2}{\sqrt{3}} r_{ij}\,(0)\,\sqrt{v_{ij}^2(0) - r_{ij}'^2(0)}} \tag{3.47}$$

bei beliebigen i- und j-Werten und allen $t \geq 0$ erfüllt sind. Aus dieser Ungleichheit geht nun die Abschätzung unmittelbar hervor:

$$m_k \int_0^t \frac{dt}{f_{ik}} + \sum_{\substack{j=1\\ j\neq i,k}}^{h-1} m_j \int_0^t \frac{dt}{f_{ij}} + \sum_{\substack{j=1\\ j\neq k}}^{n-1} m_j \int_0^t \frac{dt}{f_{jk}} < \frac{\pi(M - m_i)\,(M - m_k)}{\frac{2}{\sqrt{3}} r_{ik}(0)\,\sqrt{v_{ik}^2(0) - r_{ik}'^2(0)}}, \tag{3.48}$$

worin $M = \sum_{i=1}^{h} m_i$ ist.

Auf Grund von (3.48) können wir behaupten, daß die Ungleichheiten (3.39) und alle sich daraus ergebenden Folgerungen bei sämtlichen $t \geq 0$ erfüllt sein werden, wenn die Ungleichung

$$\frac{\pi(M - m_i)(M - m_k)}{\frac{2}{\sqrt{3}} r_{ik}(0) \sqrt{v_{ik}^2(0) - r_{ik}'^2(0)}} - \frac{1}{3}[v_{ik}(0) - r_{ik}'(0)] < 0$$

besteht.

Abschließend können wir den folgenden Satz formulieren.

Satz 3.6. *Sind in einem System von n gravitierenden Körpern die Bedingungen*

$$v_{ik}(0) - 2r_{ik}'(0) > 0,$$

$$v_{ik}^2(0) - r_{ik}'^2(0) > 0,$$

$$[v_{ik}(0) + r_{ik}'(0)] \sqrt{v_{ik}^2(0) - r_{ik}'^2(0)} > \frac{3\sqrt{3}}{2} \frac{\pi(M - m_i)(M - m_k)}{r_{ik}(0)}$$

im Anfangszeitpunkt $t = 0$ erfüllt, so nehmen die gegenseitigen Abstände r_{ik} zwischen den Körpern bei $t \to +\infty$ unbeschränkt zu.

Wir wollen nun einige Bemerkungen anläßlich des eben bewiesenen Satzes machen.

Das von uns gewonnene Kriterium für die unbeschränkte Zunahme der Abstände zwischen den Körpern bedarf des Umstandes, daß jede der Geschwindigkeiten $v_{ik}(0)$ im Vergleich mit der umgekehrten Größe des Abstandes $r_{ik}(0)$ und der Radialgeschwindigkeit $r_{ik}'(0)$ gegenüber hinreichend groß wird. Die erste Forderung hängt mit dem Wesen der Frage zusammen, die zweite ist jedoch durch die mathematische Methode der Herleitung des Kriteriums bedingt.

Der gewonnene Satz legt dem Anfangszustand eines Systems die geringsten Einschränkungen in demjenigen Fall auf, wo $r_{ik}'(0) = 0$ ist. Wir wollen beiläufig bemerken, daß das in dem Satz 3.4 bewiesene Kriterium gerade in diesem Fall keine Antwort auf die Frage gibt. Die erste und die zweite Einschränkung des Satzes 3.6 sind bei $r_{ik}'(0) = 0$ automatisch erfüllt, die dritte aber nimmt folgende einfache Gestalt an:

$$v_{ik}^2(0) > \frac{3\sqrt{3}\,\pi(M - m_i)(M - m_k)}{2r_{ik}(0)}.$$

Falls die relative Geschwindigkeit mit der radialen zusammenfällt, d. h., wenn $v_{ik}(0) = r_{ik}'(0)$ ist, so ergibt der Satz 3.6 keine Antwort. Dennoch ist der Satz 3.4 in diesem Fall anwendbar, so daß das darin aufgestellte Kriterium das geeignetste ist. Die Sätze (3.4) und (3.6) ergänzen also einander.

Schließlich wollen wir anmerken, daß man das von uns gewonnene Kriterium als eine abgeschwächte Variante des von G. A. Merman (Merman, 1953) vorgeschlagenen und für einen Spezialfall von drei gravitierenden Körpern formulierten Kriteriums für die hyperbolische Bewegung ansehen kann. Wir haben es vorgezogen, nach folgenden Erwägungen die abgeschwächte Variante herzuleiten.

Das Mermansche Kriterium ist unübersichtlich, und seine Form läßt nicht ersehen, daß die Menge der diesem Kriterium genügenden Anfangszustände nicht gerade eine leere Menge sein wird. In unserem Fall ist dies offenbar. Außerdem bleiben die Bedingungen für die Anwendung des Mermanschen Kriteriums unklar, doch dürften dieselben sich nicht wesentlich von den Anwendungsbedingungen des Satzes 3.6 unterscheiden.

9. Wir betrachten nunmehr ein System von n gravitierenden Körpern P_0, $P_1, \ldots, P_{n-1}$, dessen Bewegung wir in Jacobischen Koordinaten beschreiben werden. Setzen wir nun $\varrho = \varrho_{n-1}$, worin ϱ_{n-1} den Abstand des Punktes P_{n-1} vom Schwerpunkt der übrigen bedeutet und bezeichnen wir mit $\bar{\varrho}$ den den Schwerpunkt der Körper $P_0, P_1, \ldots, P_{n-2}$ mit dem Körper P_{n-1} verbindenden Vektor, dann gilt

$$\bar{\varrho} = \bar{i}\xi_{n-1} + \bar{j}\eta_{n-1} + \bar{k}\zeta_{n-1}, \tag{3.49}$$

worin $\bar{i}$, $\bar{j}$ und $\bar{k}$ die nach den Achsen $\xi_{n-1}, \eta_{n-1}, \zeta_{n-1}$ entsprechend gerichteten Einheitsvektoren sind. Wir finden durch Differentiation aus (3.49)

$$\bar{\varrho}'' = \bar{i}\xi''_{n-1} + \bar{j}\eta''_{n-1} + \bar{k}\zeta''_{n-1}$$

oder vermöge der Bewegungsgleichungen (1.7)

$$\bar{\varrho}'' = \frac{1}{\mu_{n-1}}\left\{\bar{i}\,\frac{\partial U}{\partial \xi_{n-1}} + \bar{j}\,\frac{\partial U}{\partial \eta_{n-1}} + \bar{k}\,\frac{\partial U}{\partial \zeta_{n-1}}\right\}. \tag{3.50}$$

Wenn wir die Gleichungen

$$\frac{\partial U}{\partial \xi_{n-1}} = -\sum_{i=0}^{n-2} \frac{m_i m_{n-1}}{r_{i,n-1}^2} \cdot \frac{\partial r_{i,n-1}}{\partial \xi_{n-1}},$$

$$\frac{\partial U}{\partial \eta_{n-1}} = -\sum_{i=0}^{n-2} \frac{m_i m_{n-1}}{r_{i,n-1}^2} \cdot \frac{\partial r_{i,n-1}}{\partial \eta_{n-1}},$$

$$\frac{\partial U}{\partial \zeta_{n-1}} = -\sum_{i=0}^{n-2} \frac{m_i m_{n-1}}{r_{i,n-1}^2} \cdot \frac{\partial r_{i,n-1}}{\partial \zeta_{n-1}}$$

beachten, so schreiben wir (3.50) in der Gestalt hin:

$$\bar{\varrho}'' = -\frac{1}{\mu_{n-1}} \sum_{i=0}^{n-2} \frac{m_i m_{n-1}}{r_{i,n-1}^2} \left\{\bar{i}\,\frac{\partial r_{i,n-1}}{\partial \xi_{n-1}} + \bar{j}\,\frac{\partial r_{i,n-1}}{\partial \eta_{n-1}} + \bar{k}\,\frac{\partial r_{i,n-1}}{\partial \zeta_{n-1}}\right\}.$$

Indem wir diese Gleichung nach der Zeit zwischen den Grenzen von 0 bis $t \geq 0$ integrieren, erhalten wir

$$\bar{\varrho}' - \bar{\varrho}'(0) = -\frac{1}{\mu_{n-1}} \int_0^t \sum_{i=0}^{n-2} \frac{m_i m_{n-1}}{r_{i,n-1}^2} \left\{\bar{i}\,\frac{\partial r_{i,n-1}}{\partial \xi_{n-1}} + \bar{j}\,\frac{\partial r_{i,n-1}}{\partial \eta_{n-1}} + \bar{k}\,\frac{\partial r_{i,n-1}}{\partial \zeta_{n-1}}\right\} dt,$$

und wenn wir beachten, daß

$$\left| \bar{i}\frac{\partial r_{i,n-1}}{\partial \xi_{n-1}} + \bar{j}\frac{\partial r_{i,n-1}}{\partial \eta_{n-1}} + \bar{k}\frac{\partial r_{i,n-1}}{\partial \zeta_{n-1}} \right| < 1$$

ist, finden wir hieraus:

$$\bar{\varrho}' - \bar{\varrho}'(0)| \leq \frac{1}{\mu_{n-1}} \int_0^t \sum_{i=0}^{n-2} \frac{m_i m_{n-1}}{r_{i,n-1}^2}\, dt. \tag{3.51}$$

Setzt man voraus, daß keine α-Annäherungen[1]) des Körpers P_{n-1} mit übrigen Körpern des Systems bei $t \geq 0$ stattfinden, so ist

$$r_{i,n-1} > \alpha\varrho;$$

dann erhalten wir aber die Ungleichheit (3.51) verschärfend

$$|\bar{\varrho}' - \bar{\varrho}'(0)| < \frac{M^*}{\alpha^2} \int_t^0 \frac{dt}{\varrho^2}, \tag{3.52}$$

wobei

$$M^* = \frac{1}{\mu_{n-1}} \sum_{i=0}^{n-2} m_i m_{n-1}$$

ist. Die Integralungleichheit (3.52) ist von ein und demselben Typus wie auch die im vorangehenden Paragraphen betrachteten Ungleichheiten des Systems der Integralungleichheiten (3.33). Indem wir den zweiten Satz von der Induktivität der Ungleichheiten auf die Gleichung (3.50) anwenden und dieselben Überlegungen, mit deren Hilfe der Satz 3.6 bewiesen wurde, wiederholen, erhalten wir folgenden Satz:

Satz 3.7. *Sind in einem System von n gravitierenden Körpern die Bedingungen*

$$v(0) - 2\varrho'(0) > 0,$$

$$v^2(0) - \varrho'^2(0) > 0,$$

$$[v(0) + \varrho'(0)]\sqrt{v^2(0) - \varrho'^2(0)} > \frac{3\sqrt{3}\,\pi}{2} \frac{M^*}{\alpha^2 \varrho(0)},$$

worin

$$v(t) = \sqrt{\xi_{n-1}'^2 + \eta_{n-1}'^2 + \zeta_{n-1}'^2}$$

ist, im Anfangszeitpunkt $t = 0$ erfüllt und finden die α-Annäherungen des Körpers P_{n-1} mit anderen Körpern des Systems bei keinem Wert von $t \geq 0$ statt, so wird $\varrho(t) \to \infty$ bei $t \to +\infty$, und deshalb nehmen die Abstände des P_{n-1} von den übrigen Körpern bei $t \to +\infty$ unbeschränkt zu.

---

[1]) Die Definition der α-Annäherungen wird in § 4 dieses Kapitels gegeben.

10. Wir werden sagen, daß ein System von n gravitierenden Punkten P_0, $P_1, \ldots, P_{n-1}$ das vollkommen dissipierende System bei $t \to +\infty$ ist, falls alle Abstände zwischen den Punkten unbeschränkt zunehmen, wenn $t \to +\infty$.

Satz 3.8. *Sind in einem System von n gravitierenden Körpern $P_0, P_1, \ldots, P_{n-1}$ die Bedingungen*

$$\varrho'(0) > 0,$$

$$\varrho'^2(0) > \max \left\{\frac{2M}{\alpha\varrho(0)}, \frac{4H}{\mu_{n-1}}\right\}, \tag{3.53}$$

worin H die Gesamtenergie des Systems bedeutet, im Anfangszeitpunkt $t = 0$ erfüllt und finden die α-Annäherungen des Körpers P_{n-1} mit anderen Körpern bei keinem Wert von $t \geq 0$ statt, so nehmen die Abstände des Körpers P_{n-1} von den anderen bei $t \to +\infty$ unbeschränkt zu, und das System sämtlicher Körper kann im Ganzen nicht vollkommen dissipierend sein.

Die unbeschränkte Zunahme der Abstände des Körpers P_{n-1} von den übrigen Körpern des Systems ergibt sich unmittelbar bei $t \to +\infty$ aus dem Satz 3.5a.

Uns bleibt zu beweisen übrig, daß das von uns betrachtete System von n gravitierenden Körpern bei $t \to +\infty$ nicht vollkommen dissipierend sein kann.

Aus dem Energieintegral

$$U = \frac{1}{2}\sum_{i=1}^{n-1} \mu_i(\xi_i'^2 + \eta_i'^2 + \zeta_i'^2) - H$$

ergibt sich

$$U \geq \frac{1}{2}\mu_{n-1}(\xi_{n-1}'^2 + \eta_{n-1}'^2 + \zeta_{n-1}'^2) - H,$$

woher vermöge der augenscheinlichen Ungleichheit

$$\xi_{n-1}'^2 + \eta_{n-1}'^2 + \zeta_{n-1}'^2 \geq \varrho'^2(t)$$

ist. Daraus finden wir:

$$U \geq \frac{1}{2}\mu_{n-1}\varrho'^2(t) - H.$$

Aus dem Satz 3.5a folgt, daß in dem in Betracht kommenden Fall bei sämtlichen $t \geq 0$

$$\varrho'(t) > \frac{1}{2}\varrho'(0)$$

ist. Demnach gilt

$$U > \frac{1}{4}\mu_{n-1}\varrho'^2(0) - H,$$

woher nach den Satzbedingungen folgt

$$U > 0$$

und folglich

$$U \nrightarrow 0,$$

und dies bedeutet eben, daß das System von sämtlichen gravitierenden Körpern $P_0, P_1, \ldots, P_{n-1}$ bei $t \to +\infty$ nicht vollkommen dissipierend sein kann.

11. Bei dem Beweis einiger Sätze, und zwar der Sätze 3.5, 3.5a, 3.7 und 3.8 haben wir vorausgesetzt, daß α-Annäherungen zwischen dem Körper P_{n-1}, dessen Bewegung wir untersucht hatten, und den anderen Körpern $P_0, P_1, \ldots, P_{n-2}$ bei keinem Wert von $t \geq 0$ stattfinden. Es scheint uns, daß das Vorhandensein einer solchen Einschränkung vom Wesen der Frage bedingt ist.

In der Tat: Betrachten wir eine Gesamtheit von n gravitierenden Körpern $P_0, P_1, \ldots, P_{n-1}$ und nehmen wir an, der Körper P_{n-1} liege innerhalb der Gesamtheit. Ist die Geschwindigkeit des Körpers P_{n-1} im Anfangszeitpunkt hinreichend groß und finden bei der Bewegung des Körpers P_{n-1} im Innern der Gesamtheit keine engen Annäherungen zwischen demselben und anderen Körpern statt, so verläßt der Körper P_{n-1} die Gesamtheit und kommt ins Unendliche, d. h., seine Entfernung von allen anderen Körpern wird bei $t \to +\infty$ unbeschränkt zunehmen.

Findet jedoch eine enge Annäherung des Körpers P_{n-1} mit den anderen Körpern des Systems statt, so ist dabei ein derartiger Energieaustausch zwischen Körpern des Systems möglich, daß der Körper P_{n-1}, nachdem er seine Geschwindigkeit verändert hat, demzufolge die Gesamtheit nicht mehr verlassen kann, obzwar seine Anfangsgeschwindigkeit unter anderen Umständen dazu ausreichend gewesen wäre.

Aber es ist auch noch die andere Seite dieser Frage zu erwähnen. Es kann wohl geschehen, daß zwei Körper P_i und P_{n-1} aus dem Haufen $P_0, P_1, \ldots, P_{n-1}$ hinausgeworfen werden, die, indem sie sich von übrigen Körpern des Systems unendlich weit entfernen, untereinander dann in Verhältnissen der α-Nähe stehen werden, oder daß diese Verhältnisse nach Ablauf einer gewissen Zeit konstant werden. Für diesen Fall geben die von uns bewiesenen Sätze keine Antwort auf die Frage.

Die in den Sätzen 3.5, 3.5a, 3.7 und 3.8 formulierten Kriterien beantworten also die Frage nur in dem Fall, wo in der Zukunft keine α-Annäherungen des in Betracht kommenden Körpers mit den anderen vorkommen. Insofern aber diese Sätze keine Andeutungen auf diejenigen Bedingungen enthalten, unter denen die α-Annäherungen ausgeschlossen sind, so sind sie von nur qualitativer Bedeutung. Trotzdem können sie für quantitative Berechnungen in Aufgaben der Dynamik der Sternsysteme gebraucht werden. In der Tat: Kennt man die Parameter eines Sternsystems, so kann man die Wahrscheinlichkeit von α-Annäherungen des gegebenen Körpers mit den anderen abschätzen und folglich auch die Verwirklichung des uns interessierenden Bewegungstypus unter der Bedingung, daß der Anfangszustand bestimmten Einschränkungen unterworfen wird.

Endlich wollen wir bemerken, daß in einigen Fällen von der Forderung des Fehlens der α-Annäherungen abgesehen werden kann, wo nämlich dieselbe automatisch erfüllt ist. Das ist nämlich in dem Satz 3.8 der Fall, wenn man denselben auf den Spezialfall von drei Körpern anwendet. Auf diesem Weg hat der Verfasser das Kriterium für die hyperbolisch-elliptischen Bewegungen im Dreikörperproblem zum ersten Mal gewonnen. Späterhin hat G. A. Merman mehrere interessante und vollkommene Kriterien für hyperbolisch-elliptische Bewegungen von drei gravitierenden Körpern gegeben, indem er sich der von uns vorgeschlagenen Methode der stetigen Induktion bediente.

KAPITEL IV

Die Methode des invarianten Maßes

1. Die Verwendung der Methode des invarianten Maßes bei mechanischen Aufgaben, insbesondere beim Problem von vielen gravitierenden Körpern, ist auf die sogenannte Phaseninterpretation der mechanischen Systeme gegründet.

Die Phaseninterpretation eines Systems von n gravitierenden Körpern kann folgendermaßen gewonnen werden. In Kapitel I haben wir uns überzeugt, daß sich die Bewegungsdifferentialgleichungen zweiter Ordnung durch ein System der zugehörigen Anzahl von Gleichungen der ersten Ordnung ersetzen lassen, welche wir in allgemeiner Gestalt so schreiben wollen:

$$\begin{aligned} \frac{dx_1}{dt} &= X_1(x_1, \ldots, x_\nu), \\ &\cdots\cdots\cdots \\ \frac{dx_\nu}{dt} &= X_\nu(x_1, \ldots, x_\nu). \end{aligned} \tag{4.1}$$

Ein Zustand des Systems von gravitierenden Körpern wird in einem jeden Zeitpunkt t durch die Werte von ν reellen Veränderlichen vollkommen bestimmt, die stetige Funktionen von t sind. Jede denkbare Gesamtheit der Werte $x_1, x_2, \ldots, x_\nu$ werden wir die Phase eines dynamischen Systems nennen. Die Gesamtheit der Zahlen $x_1, x_2, \ldots, x_\nu$ als eine Phase des dynamischen Systems auffassend, werden wir dieselbe als eine Stelle des ν-dimensionalen Euklidischen Raumes E^ν mit Koordinaten $x_1, x_2, \ldots, x_\nu$ ansehen und diesen Raum den Phasenraum des dynamischen Systems nennen.

Wir wählen nun einen gewissen Anfangszeitpunkt aus. Eine jede Stelle $p \in E^\nu$, von den singulären Stellen für das gegebene System abgesehen, können wir als eine denkbare Phase des dynamischen Systems im Anfangszeitpunkt $t = 0$ annehmen. In einem von dem Anfangszeitpunkt verschiedenen t wird eine Phase des dynamischen Systems im allgemeinen Fall von der Anfangsphase verschieden sein. Wir bezeichnen mit $f(p, t)$ eine diese neue Phase darstellende Stelle von $E^\nu : f(p, 0) = p$. Bei Änderung der Zeit in positiver Richtung wird $f(p, t)$ in einigen Fällen für alle $t > 0$ bestimmt sein, in anderen wird es eine Zahl $\tau > 0$ geben von der Art, daß $f(p, t)$ für alle nur positiven $t < \tau$ bestimmt ist. Analog wird es auch für die in negativer Richtung sich verändernde Zeit sein.

Im Zeitlauf wird sich die Phase $x_1, x_2, \ldots, x_\nu$ in Übereinstimmung mit den den Bewegungen eines dynamischen Systems eigenen Gesetzen verändern. Diesen Änderungen der Phase entpsrechend, wird die Stelle $f(p, t)$ in dem E^ν-Raum eine bestimmte Bewegung ausführen, indem sie eine gewisse Bahnkurve beschreibt.

Die gleichzeitige Betrachtung sämtlicher Stellen des Phasenraumes E^ν und ihrer Bewegungen liefert ein Bild der Strömung einer „punkthaften Phasenflüssigkeit“. Dieses Bild stellt die ganze Gesamtheit der möglichen Bewegungen eines dynamischen Systems dar. Die Methode des invarianten Maßes verwendend, beurteilen wir die Bewegung der materiellen Punkte im realen Raum nach der Bewegung der Phasenstellen in dem mehrdimensionalen Raum.

2. Je zwei Stellen des E^ν-Raumes

$$p' = (x_1', x_2', \ldots, x_\nu'),$$

$$p'' = (x_1'', x_2'', \ldots, x_\nu'')$$

ordnet man eine nichtnegative Zahl

$$\varrho(p', p'') = \sqrt{\sum_{i=1}^{n} (x_i' - x_i'')^2}$$

zu, die man den Abstand zwischen den Punkten p' und p'' nennt. Die allgemeinen Eigenschaften des Abstandes sind in dem E^ν-Raum dieselben wie in dem gewöhnlichen Raum:

1) *Identitätseigenschaft:* Es ist dann und nur dann $\varrho(p', p'') = 0$, wenn die Stellen p' und p'' miteinander zusammenfallen;

2) *Symmetrieeigenschaft:* Es ist $\varrho(p', p'') = \varrho(p'', p')$.

3) *Dreieckseigenschaft:* Welcher Art auch drei Stellen p', p'', p''' des E^ν-Raumes sein mögen, immer gilt

$$\varrho(p', p'') + \varrho(p'', p''') \geq \varrho(p', p''').$$

Es seien p eine gewisse Stelle und A eine beliebige Menge in dem Raum E^ν. Eine nichtnegative Zahl

$$\varrho(p, A) = \inf_{p \in A} \varrho(p, q)$$

nennen wir den Abstand zwischen der Stelle p und der Menge A.

Den Begriff eines Abstandes benutzend, ist es leicht, in dem E^ν-Raum den Begriff einer Stellen- und einer Mengenumgebung einzuführen. Wenn p irgendeine Stelle des E^ν-Raumes bedeutet und ε eine willkürliche positive Zahl ist, so wird eine Menge von sämtlichen der Bedingung $\varrho(p, p') < \varepsilon$ genügenden Stellen p' die sphärische Umgebung der Stelle p vom Radius ε genannt und mit dem Symbol $S(p, \varepsilon)$ bezeichnet. Ist A eine willkürliche Menge in dem E^ν-Raum, so heißt eine Menge

$$S(A, \varepsilon) = \bigcup_{p \in A} S(p, \varepsilon)$$

die sphärische Umgebung der Menge A vom Radius ε.

Obgleich man weder die Bewegung einer Stelle und ihre Bahnkurve noch die Bewegung irgendeiner Menge in einem mehrdimensionalen Phasenraum anschaulich darzustellen vermag, so erleichtern doch die vorgeschlagene Interpretation, die mit ihr zusammenhängende geometrische Terminologie und die Analogie der Eigenschaften des E^ν-Raumes mit denjenigen des gewöhnlichen dreidimensionalen Raumes die Betrachtungen wesentlich.

Sobald die Abstände und die Umgebungen, die nach ihren gemeinschaftlichen Eigenschaften denjenigen in gewöhnlichen Räumen analog sind, in einem ν-dimensionalen Phasenraum bestimmt werden, so gelten die entsprechend verallgemeinerte Theorie der Punktmengen und die Theorie des Mengenmaßes für den E^ν-Raum. Die Darlegung dieser Theorien, von deren Grundbegriffen wir Gebrauch machen werden, ist in den Lehrbüchern der Mengenlehre und in den Leitfäden der Funktionentheorie einer reellen Veränderlichen enthalten.

3. Die allgemeinen Eigenschaften der Phasenbewegungen $f(p, t)$ hängen freilich vom Charakter der in den rechten Seiten der Gleichungen (2.1) aufgeschriebenen Funktionen $X_i(x_1, x_2, \ldots, x_\nu)$ ab. Für eine weite Klasse der Gleichungen von der Gestalt (2.1), der auch die Bewegungsgleichungen eines Systems von n gravitierenden Körpern angehören, ist festgestellt, daß die Phasenbewegungen folgende Eigenschaften besitzen:

1) Die *Einzigkeitseigenschaft:* Eine jede Stelle p des Phasenraumes (von den singulären Stellen abgesehen) bestimmt eine einzige Bewegung $f(p, t)$, die auf einem Zeitintervall vorgegeben wird, welches eine der vier folgenden Formen hat:

$$-\infty < t < +\infty,$$

$$-\infty < t < t'',$$

$$t' < t < +\infty,$$

$$t' < t < t''.$$

Demnach kann nur eine Phasenbahnkurve durch eine jede Stelle des Phasenraumes hindurchgehen.

2) Die *Stationaritätseigenschaft:* Innerhalb desjenigen Zeitintervalls, auf welchem $f(p, t)$ bestimmt wird, ist die Bedingung

$$f(f(p, t_1), t_2) = f(p, t_1 + t_2)$$

erfüllt.

3) Die *stetige zeitliche Abhängigkeit der Bewegungen:* Für ein jedes t innerhalb desjenigen Zeitintervalls, auf welchem eine Bewegung $f(p, t)$ bestimmt wird, und für jedes $\varepsilon > 0$ läßt sich ein $\delta > 0$ angeben, derart, daß für sämtliche t' von der Beschaffenheit

$$|t - t'| < \delta$$

$$\varrho(f(p, t), f(p, t')) < \varepsilon$$

ist.

4) Die *stetige Abhängigkeit der Bewegungen von der Anfangsstelle:* Wird eine Bewegung $f(p, t)$ für alle Zeitpunkte der Strecke $[t_1, t_2]$ bestimmt, so läßt sich ein

solch kleines $\varepsilon > 0$ für ein beliebiges $\delta > 0$ angeben, daß die Bewegung $f(q, t)$ für eine jede Stelle q, für welche $f(q, t)$ bestimmt wird und der Bedingung

$$\varrho(f(q, t_1), f(p, t_1)) < \delta$$

genügt, auf der Strecke $[t_1, t_2]$ existiert und auf ihr die Bedingung

$$\varrho(f(q, t), f(p, t)) < \varepsilon$$

befriedigt.

4. Der Begriff des Maßes einer Menge von Stellen des Phasenraumes wird für uns eine wichtige Bedeutung haben. Wir werden uns eines gewöhnlichen Maßes in mehrdimensionalen Euklidischen Räumen bedienen, das durch unmittelbare Verallgemeinerung des Maßbegriffes für den gewöhnlichen dreidimensionalen Raum definiert wird. Das eingeführte Maß hat also nur für beschränkte Mengen eine Bedeutung. Neben den beschränkten Mengen werden wir aber die unbeschränkten meßbaren Mengen sowohl vom endlichen als auch vom unendlichen Maß betrachten. Es ist für unsere Ziele hinreichend, das Maß unbeschränkter Mengen wie folgt zu definieren. Es sei $R_1, R_2, \ldots, R_n, \ldots$ eine monotone Folge von unbeschränkt zunehmenden positiven Zahlen. Wir bezeichnen mit S_n eine Sphäre vom Radius R_n mit dem Mittelpunkt im Koordinatenursprung. Eine unbeschränkte Menge A nennen wir meßbar, falls jede der Mengen $A \cap S_n$ meßbar ist. Die Zahlenfolge $\operatorname{mes}(A \cap S_n)$ $(n = 1, 2, \ldots)$ strebt bei $n \to \infty$ entweder einem bestimmten Grenzwert zu oder wächst unbeschränkt an. Wenn dieser Grenzwert existiert, so nehmen wir definitionsgemäß

$$\operatorname{mes} A = \lim_{n \to \infty} \operatorname{mes} (A \cap S_n)$$

an; in dem entgegengesetzten Fall setzen wir

$$\operatorname{mes} A = \infty.$$

Es ist offensichtlich, daß diese Definition, indem man sie auf eine beschränkte Menge anwendet, das gewöhnliche Maß derselben ergibt.

Die wichtige Bedeutung des Maßbegriffes ist dadurch bedingt, daß der Liouvillesche Satz von der Invarianz des Maßes auf Bewegungen eines Systems von n gravitierenden Körpern in dem Phasenraum anwendbar ist. Die Invarianz des Maßes im Phasenraum stellt die Grundlage dar, auf welcher sich wichtige Eigenschaften dynamischer Systeme entdecken lassen.

Satz 4.1 (Das Liouvillesche Theorem). *Sind die Gleichungen*

$$\frac{dx_1}{dt} = X_1(x_1, \ldots, x_\nu),$$
$$\tag{4.1}$$
$$\frac{dx_\nu}{dt} = X_\nu(x_1, \ldots, x_\nu)$$

so beschaffen, daß

$$\sum_{i=1}^{\nu} \frac{\partial X_i}{\partial x_i} = 0 \tag{4.2}$$

ist, und ist $A \subset E^\nu$ *eine meßbare Menge vom endlichen Maß von der Art, daß eine Bewegung* $f(p, t)$ *für eine jede Stelle* $p \in A$ *bei allen* $t \geq 0 \, (t \leq 0)$ *bestimmt wird, so ist bei allen* $t \geq 0 \, (t \leq 0)$

$$\operatorname{mes} f(A, t) = \operatorname{mes} A,$$

d. h., das Maß ist bei $t \geq 0 \, (t \leq 0)$ *invariant.*

Es sei $A \subset E^\nu$ eine meßbare Menge vom endlichen Maß, wobei eine Bewegung $f(p, t)$ für eine jede Stelle $p \in A$ bei allen $t \geq 0 \, (t \leq 0)$ bestimmt wird:

$$\operatorname{mes} f(A, t) = \int\limits_{f(A,t)} dx_1 \dots dx_\nu . \tag{4.3}$$

Betrachten wir die Lösungen der Gleichungen (4.1):

$$\begin{aligned} x_1 &= x_1(t, a_1, \dots, a_\nu), \\ &\cdots\cdots\cdots \\ x_\nu &= x_\nu(t, a_1, \dots, a_\nu), \end{aligned} \tag{4.4}$$

welche den Anfangsbedingungen

$$\left. \begin{aligned} x_1 &= a_1 \\ &\cdots \\ x_\nu &= a_\nu \end{aligned} \right\} \text{ bei } t = 0 \text{ -}$$

genügen, worin $(a_1, \dots, a_\nu)$ eine beliebige Stelle der Menge A bedeutet.

Führen wir nun neue Integrationsveränderliche $\bar{x}_1, \dots, \bar{x}_\nu$ ein, indem wir dieselben durch die den Gleichungen (4.4) analogen Gleichungen definieren

$$\begin{aligned} x_1 &= x_1(t, \bar{x}_1, \dots, x_\nu), \\ &\cdots\cdots\cdots \\ x_\nu &= x_\nu(t, \bar{x}_1, \dots, \bar{x}_\nu), \end{aligned} \tag{4.5}$$

und wobei wir t als einen Parameter auffassen. Dann nimmt die Gleichheit (4.3) in den neuen Veränderlichen in Übereinstimmung mit den üblichen Formeln zum Vertausch der Veränderlichen in Integralen die Gestalt

$$\operatorname{mes} f(A, t) = \int\limits_A D \cdot d\bar{x}_1 \dots d\bar{x}_\nu \tag{4.6}$$

an, wo D die Jacobische Determinante

$$D = \frac{\partial(x_1, \dots, x_\nu)}{\partial(\bar{x}_1, \dots, \bar{x}_\nu)}$$

bedeutet. Indem wir (4.6) nach dem Parameter t differenzieren, erhalten wir

$$\frac{d}{dt}\operatorname{mes} f(A,t) = \int_h \frac{dD}{dt}\, d\bar{x}_1 \ldots d\bar{x}_\nu;$$

wir finden dann, wenn wir zu den alten Veränderlichen zurückkommen

$$\frac{d}{dt}\operatorname{mes} f(A,t) = \int_{f(A,t)} \frac{1}{D}\frac{dD}{dt}\, dx_1 \ldots dx_\nu. \tag{4.7}$$

Gemäß der Regel der Determinantendifferentiation ist

$$\frac{dD}{dt} = \sum_{i=1}^{\nu} D_i, \tag{4.8}$$

worin

$$D_i = \frac{\partial\left(x_1, \ldots, x_{i-1}, \frac{dx_i}{dt}, x_{i+1}, \ldots, x_\nu\right)}{\partial(\bar{x}_1, \ldots, \bar{x}_{i-1}, \bar{x}_i, \bar{x}_{i+1}, \ldots, \bar{x}_\nu)}$$

oder vermöge der Gleichungen (4.1)

$$D_i = \frac{\partial(x_1, \ldots, x_{i-1}, X_i, x_{i+1}, \ldots, x_\nu)}{\partial(\bar{x}_1, \ldots, \bar{x}_{i-1}, \bar{x}_i, \bar{x}_{i+1}, \ldots, \bar{x}_\nu)}$$

bedeutet.

Da aber

$$\frac{\partial X_i}{\partial \bar{x}_j} = \sum_{k=1}^{\nu} \frac{\partial X_i}{\partial x_k} \cdot \frac{\partial x_k}{\partial \bar{x}_j}$$

ist, so ergibt sich

$$D_i = \sum_{k=1}^{\nu} \frac{\partial X_i}{\partial x_k} \cdot \frac{\partial(x_1, \ldots, x_{i-1}, x_k, x_{i+1}, \ldots, x_\nu)}{\partial(\bar{x}_1, \ldots, \bar{x}_{i-1}, \bar{x}_i, \bar{x}_{i+1}, \ldots, \bar{x}_\nu)}.$$

Indem wir bemerken, daß

$$\frac{\partial(x_1, \ldots, x_{i-1}, x_k, x_{i+1}, \ldots, x_\nu)}{\partial(\bar{x}_1, \ldots, \bar{x}_{i-1}, \bar{x}_i, \bar{x}_{i+1}, \ldots, \bar{x}_\nu)} = \begin{cases} D \text{ bei } k = i \\ 0 \text{ bei } k \neq i \end{cases}$$

ist, konstatieren wir fernerhin noch

$$D_i = D\,\frac{\partial X_i}{\partial x_i}.$$

Wenn wir diesen Ausdruck für D_i in (4.8) einsetzen, so erhalten wir

$$\frac{dD}{dt} = D\sum_{i=1}^{\nu} \frac{\partial X_i}{\partial x_i},$$

woraus folgt

$$\frac{1}{D}\frac{dD}{dt}=\sum_{i=1}^{\nu}\frac{\partial X_i}{\partial x_i}.$$

Von dem letzten Ergebnis Gebrauch machend, können wir die Formel (4.7) in folgende Gestalt umschreiben:

$$\frac{d}{dt}\operatorname{mes} f(A,t)=\int\limits_{f(A,t)}\sum_{i=1}^{\nu}\frac{\partial X_i}{\partial x_i}\,dx_1\ldots dx_\nu. \tag{4.9}$$

Dies ist nun die bemerkenswerte Formel von LIOUVILLE.

Wir beweisen nun den Liouvilleschen Satz. Aus der Formel (4.9) und der Bedingung (4.2) haben wir

$$\frac{d}{dt}\operatorname{mes} f(A,t)=0.$$

Indem wir diese Gleichung nach der Zeit zwischen den Grenzen von 0 bis $t>0$ integrieren und beachten, daß $f(A,0)=A$ ist, finden wir

$$\operatorname{mes} f(A,t)=\operatorname{mes} A.$$

Der Satz ist damit bewiesen.

Es ist notwendig, die Wesentlichkeit der Forderung, daß die Bewegung $f(p,t)$ für eine jede Stelle $p\in A$ bei allen $t\geq 0\,(t\leq 0)$ bestimmt sein soll, zu betonen. Unter Nichterfüllung dieser Forderung können die Menge $f(A,t)$ und ihr Maß bei Betrachtung sämtlicher Werte $t\geq 0\,(t\leq 0)$ keinen Sinn haben. Ein solcher Fall läßt sich selbst für Differentialgleichungen von sehr einfacher Gestalt realisieren, wie folgende Beispiele zeigen.

Beispiel 1. Wir betrachten eine Bewegung, welche durch die Gleichungen

$$\frac{dx}{dt}=e^x,\quad \frac{dy}{dt}=-ye^x \tag{4.10}$$

bestimmt wird. Die Euklidische Ebene E^2 wird ein Phasenraum dieses Systems sein. Aus den Gleichungen (4.10) finden wir

$$\frac{dy}{dx}=-y,\quad y=Ce^{-x},$$

worin C die Integrationskonstante bedeutet. Die Bahnkurven der Phasenbewegungen werden somit Exponentialkurven sein. Wählen wir in der Ebene eine willkürliche Stelle p mit den Koordinaten x_0, y_0 aus und betrachten wir eine Bewegung $f(p,t)$. Wenn wir die erste der Gleichungen (4.10) unter der Anfangsbedingung $x=x_0$ bei $t=0$ integrieren, so finden wir

$$x=-\ln(e^{-x_0}-t).$$

Aus diesem Ergebnis ist leicht zu erkennen, daß $x \to +\infty$ bei $t \to e^{-x_0}$. Folglich rückt die Phasenstelle $f(p, t)$ in einem endlichen Zeitintervall ins Unendliche fort, und die Bewegung $f(p, t)$ ist für alle $t \geq e^{-x_0}$ nicht bestimmt.

Dies ist bei jeder Wahl einer Anfangsstelle $p \in E^2$ richtig.

Beispiel 2. Wir betrachten eine Bewegung, welche durch die Gleichungen

$$\begin{aligned} \frac{dx}{dt} &= \sqrt{2\pi}\, e^{\frac{x^2}{2}}, \\ \frac{dy}{dt} &= -\sqrt{2\pi}\, xy \cdot e^{\frac{x^2}{2}} \end{aligned} \tag{4.11}$$

bestimmt wird. Die Euklidische Ebene E^2 wird ebenfalls ein Phasenraum dieses Systems sein. Aus den Gleichungen (4.11) finden wir:

$$\frac{dy}{dt} = -xy,$$

$$y = Ce^{-\frac{x^2}{2}},$$

worin C eine Integrationskonstante bedeutet. Die Bahnkurven der Phasenbewegungen werden Gausssche Kurven sein. Wir wählen nun in der Ebene eine willkürliche Stelle p mit den Koordinaten x_0, y_0 aus und betrachten eine Bewegung $f(p, t)$. Wenn wir die erste der Gleichungen (4.11) mit der Anfangsbedingung $x = x_0$ bei $t = 0$ integrieren, so finden wir:

$$t = \frac{1}{\sqrt{2\pi}} \int_{x_0}^{x} e^{-\frac{x^2}{2}}\, dx.$$

Hieraus erkennen wir, daß

$$x \to +\infty \quad \text{bei} \quad t \to \frac{1}{\sqrt{2\pi}} \int_{x_0}^{+\infty} e^{-\frac{x^2}{2}}\, dx < 1,$$

$$x \to -\infty \quad \text{bei} \quad t \to \frac{1}{\sqrt{2\pi}} \int_{x_0}^{-\infty} e^{-\frac{x^2}{2}}\, dx > -1.$$

Der Phasenpunkt $f(p, t)$ rückt also in einem endlichen Zeitintervall bei der sowohl positiv als auch negativ gerichteten Zeitänderung ins Unendliche fort. In diesem Beispiel ist eine jede Bewegung auf dem Intervall von der Gestalt

$$t' < t < t''$$

bestimmt, worin $t' \geq -1$ und $t'' \leq 1$ ist.

5. Als ein hauptsächliches Untersuchungsobjekt der allgemeinen Dynamik erweisen sich in erster Linie invariante Mengen des Phasenraumes. Eine Menge A heißt *positiv (negativ) invariant* oder *invariant bei* $t \to +\infty$ ($t \to -\infty$), wenn für eine jede Stelle $p \in A$ die Bewegung $f(p, t)$ für alle $t \geq 0$ ($t \leq 0$) bestimmt ist und wenn für diese Zeitpunkte

$$f(p, t) \in A.$$

Eine Menge A heißt *invariant*, wenn sie bei $t \to +\infty$ und bei $t \to -\infty$ invariant ist. Es ist offenbar, daß die Summe und der Durchschnitt einer beliebigen Gesamtheit der bei $t \to +\infty$ oder bei $t \to -\infty$ invarianten Mengen und ebenfalls die Differenz zweier invarianten Mengen eine bei $t \to +\infty$ oder $t \to -\infty$ invariante Menge ist.

Wir betrachten nun eine Menge aller Stellen $p \in E^\nu$, für welche $f(p, t)$ bei sämtlichen $t \geq 0$ ($t \leq 0$) bestimmt ist, und bezeichnen dieselbe mit $\Xi^+(\Xi^-)$. Es ist offensichtlich, daß $\Xi^+(\Xi^-)$ die maximale, bei $t \to +\infty$ ($t \to -\infty$) invariante Menge ist; wir werden sie den regulären Kern eines dynamischen Systems für $t \to +\infty$ ($t \to -\infty$) nennen.

Wir werden also die Menge

$$\Xi = \Xi^+ \cap \Xi^- \tag{4.12}$$

den regulären Kern eines dynamischen Systems nennen.

Satz 4.2. *Mengen Ξ^+, Ξ^- und Ξ sind Mengen vom G_δ-Typus.*

Zunächst wollen wir den Satz für die Menge Ξ^+ beweisen. Es sei

$$\tau_1, \tau_2, \ldots, \tau_n, \ldots$$

eine monotone Folge der bei $n \to \infty$ unbeschränkt zunehmenden positiven Zahlen. Wir bezeichnen mit Ξ_k^+ die Menge aller Stellen p des Phasenraumes, für welche eine Bewegung $f(p, t)$ auf der Strecke $[0, \tau_k]$ bestimmt ist. Wenn $p \in \Xi_k^+$, so läßt sich, vermöge der stetigen Abhängigkeit der Phasenbewegungen von der Anfangsstelle, eine positive Zahl δ_k wählen, derart, daß für eine jede, der Bedingung $q \in S(p, \delta_k)$ genügende Stelle q eine Bewegung $f(q, t)$ für sämtliche $t \in [0, \tau_k]$ bestimmt ist. Dies aber bedeutet, daß $S(q, \delta_k) \in \Xi_k^+$; folglich ist Ξ_k^+ eine offene Menge. Ferner ist es augenscheinlich, daß

$$\Xi^+ = \bigcap_{k=1}^{\infty} \Xi_k^+,$$

woraus sich ergibt, daß Ξ^+ eine Menge vom G_δ^+-Typus und demnach auch meßbar ist.

Für die Menge Ξ^- wird der Satz analog bewiesen.

Die Gültigkeit des Satzes für die Menge Ξ ergibt sich unmittelbar aus der Formel (4.12).

6. Nehmen wir eine gewisse Menge $A \subset E^\nu$ im Anfangszeitpunkt. Eine jede Stelle $p \in A$ wird ihre Bewegung in dem E^ν-Raum ausführen, und zu einem gewissen Zeitpunkt bilden alle Stellen $p \in A$ eine neue Menge, indem sie neue Lagen $f(p, t)$ einnehmen; wir werden dieselbe mit $f(A, t)$ bezeichnen.

Es seien eine Stelle p und eine Menge A so beschaffen, daß $f(p, t)$ und $f(A, t)$, für alle $t \geq 0 (t \leq 0)$ bestimmt sind. Aus der Definition der Symbole $f(p, t)$ und $f(A, t)$ ergibt sich, daß bei einem jeden $t \geq 0 (t \leq 0)$ $f(p, t) \in f(A, t)$, falls $p \in A$; und, ist umgekehrt $f(p, t) \in f(A, t)$ bei einem gewissen $t \geq 0 (t \leq 0)$, so ist $p \in A$.

Aus dieser Bemerkung gehen folgende einfache Tatsachen unmittelbar hervor. Sind Mengen A_1 und A_2 von der Beschaffenheit, daß $A_1 \cap A_2 = 0$ ist, und sind Mengen $f(A_1, t)$, $f(A_2, t)$ für sämtliche $t \geq 0 (t \leq 0)$ bestimmt, so haben wir für dieselben t-Werte:

$$f(A_1, t) \cap f(A_2, t) = 0.$$

Umgekehrt, sind Mengen A_1 und A_2 so beschaffen, daß $A_1 \cap A_2 = 0$ ist, und sind Mengen $f(A_1, t)$, $f(A_2, t)$ für alle $t \geq 0 (t \leq 0)$ bestimmt, so haben wir für dieselben t-Werte:

$$f(A_1, t) \cap f(A_2, t) \neq 0.$$

Eine Menge A werden wir eine Rücktreffmenge bei $t \to +\infty (t \to -\infty)$ nennen, wenn sich ein $t' > G$ für eine beliebige Zahl $T > 0$ angeben läßt, derart, daß

$$A \cap f(A, t') \neq 0 \quad (A \cap f(A, -t') \neq 0)$$

ist. In dem entgegengesetzten Fall, wo die Menge A bei $t \to +\infty (\to -\infty)$ keine Rücktreffmenge ist, läßt sich ein $\tau > 0$ von der Art angeben, daß bei sämtlichen $t > \tau$

$$A \cap f(A, t) = 0 \quad (A \cap f(A, -t) = 0)$$

ist.

Satz 4.3. *Ist eine Menge A eine Rücktreffmenge bei $t \to +\infty (t \to -\infty)$ und ist außerdem $f(p, t)$ für sämtliche $t < 0 (t > 0)$ an einer jeden Stelle $p \in A$ bestimmt, so wird die Menge A bei $t \to -\infty (t \to +\infty)$ eine Rücktreffmenge sein.*

Ist eine Menge A keine Rücktreffmenge bei $t \to +\infty (t \to -\infty)$ und ist außerdem $f(p, t)$ für alle $t < 0 (t > 0)$ an einer jeden Stelle $p \in A$ bestimmt, so ist die Menge A keine Rücktreffmenge bei $t \to -\infty (t \to +\infty)$.

Es sei eine Menge A eine Rücktreffmenge bei $t \to +\infty$. Dann läßt sich, wie groß auch $I > 0$ sein mag, ein $t' > I$ von der Art finden, daß

$$A \cap f(A, t') \neq 0$$

ist. Dann aber ist

$$f(A, -t') \cap f(f(A, t'), -t') \neq 0,$$

$$f(A, -t') \cap A \neq 0,$$

und dies bedeutet, daß A eine Rücktreffmenge bei $t \to -\infty$ ist.

Für eine Menge A, die eine Rücktreffmenge bei $t \to -\infty$ ist, wird der Satz analog bewiesen.

Der zweite Teil des Satzes ist leicht zu beweisen, indem man die Betrachtungen a contrario ausführt.

Satz 4.4. *Ist eine Menge A von der Beschaffenheit, daß $f(A, t)$ für alle reellen t-Werte bestimmt ist und eine Zahl $\tau > 0$ sich derart angeben läßt, daß entweder bei sämtlichen $t \geq \tau$ $A \cap f(A, t) = 0$ oder $A \cap f(A, -t) = 0$ ist, so besitzen die Mengen*

$$\ldots, f(A, -n\tau), \ldots, f(A, -\tau), A, f(A, \tau), \ldots, f(A, n\tau), \ldots$$

paarweise genommen, keine gemeinsamen Stellen.

Den Satz a contrario beweisend, nehmen wir an, daß sich zwei ganze Zahlen i und j $(i < j)$ angeben lassen von der Art, daß

$$f(A, i\tau) \cap f(A, j\tau) \neq 0 \tag{4.13}$$

ist. Betrachten wir nun die Mengen A und $f(A, (j - i)\tau)$. Da $j - i \geq 1$ ist, so ergibt sich bedingungsgemäß

$$A \cap f(A, (j - i)\tau) = 0,$$

womit

$$f(A, i\tau) \cap f(f(A, (j - i)\tau), i\tau) = 0$$

ist. Nun ist aber

$$f(f(A, (j - i)\tau), i\tau) = f(A, j\tau).$$

Daher folgt

$$f(A, i\tau) \cap f(A, j\tau) = 0.$$

Dies widerspricht jedoch der Bedingung (4.13), so daß der Satz bewiesen ist.

Falls $A \cap f(A, -t) = 0$ bei $t > \tau$ ist, so wird der Satz analog bewiesen.

7. Eine Stelle p werden wir eine *Rücktreffstelle* bei $t \to +\infty$ $(t \to -\infty)$ nennen, wenn es bei einem beliebig großen $T > 0$ und einem $\varepsilon > 0$ einen Zeitpunkt $t' > T$ $(t' < -T)$ von der Art gibt, daß

$$f(p, t') \in S(p, \varepsilon).$$

Eine Stelle p heißt eine Rücktreffstelle, wenn sie eine solche zugleich bei $t \to +\infty$ und bei $t \to -\infty$ ist.

Satz 4.5. *Ist eine Stelle p eine Rücktreffstelle bei $t \to +\infty$ $(t \to -\infty)$, so wird auch eine Stelle $f(p, t_1)$ bei einem beliebigen $t_1 > 0$ $(t_1 < 0)$ eine Rücktreffstelle bei $t \to +\infty$ $(t \to -\infty)$ sein.*

Wir werden uns auf den Beweis des Satzes für eine Rücktreffstelle $t \to +\infty$ beschränken. Für eine Rücktreffstelle bei $t \to -\infty$ wird der Satz analog bewiesen.

Wir nehmen nun willkürliche positive Zahlen ε und T an und wählen $\delta = \delta(\varepsilon, T)$ so klein, daß

$$f(S(p, \delta), t_1) \subset S(f(p, t_1), \varepsilon),$$

was sich vermöge der stetigen Abhängigkeit der Bewegungen von einer Anfangsstelle bewerkstelligen läßt. Die Stelle p ist eine Rücktreffstelle bei $t \to +\infty$; deshalb läßt sich ein $t' > G$ finden, derart, daß

$$f(p, t') \in S(p, \delta).$$

Sind eine Stelle q und eine Menge A von der Beschaffenheit, daß $q \in A$, so ergibt sich aus der Definition der Symbole $f(q, t)$ und $f(A, t)$, daß

$$f(q, t) \in f(A, t).$$

Von dieser Tatsache Gebrauch machend, können wir schreiben:

$$f(f(p, t'), t_1) \in f(S(p, \delta), t_1) \subset S(f(p, t_1), \varepsilon),$$

und da

$$f(f(p, t'), t_1) = f(f(p, t_1), t')$$

ist, so folgt

$$f(f(p, t_1), t') \in S(f(p, t_1), \varepsilon).$$

Dies bedeutet aber, daß die Stelle $f(p, t_1)$ eine Rücktreffstelle bei $t \to +\infty$ ist. Wir sehen also, daß sämtliche Stellen $f(p, t)$ Rücktreffstellen bei $t \to +\infty$ sind, wenn p eine Rücktreffstelle bei $t \to +\infty$ ist. Demnach ist es natürlich, die Bewegung $f(p, t)$ rekurrent bei $t \to +\infty$ zu nennen.

Dieselben Bemerkungen gelten auch für die Stellen, welche bei $t \to -\infty$ Rücktreffstellen sind.

8. Wir wollen eine Menge P sämtlicher Rücktreffstellen in dem Phasenraum eines dynamischen Systems betrachten. Für das Weiterfolgende ist es wichtig, ihre Meßbarkeit festzustellen. Wir werden auch Mengen P^+ (P^-) sämtlicher Rücktreffstellen bei $t \to +\infty$ ($t \to -\infty$) des Phasenraumes betrachten.

Satz 4.6. *Die Mengen P^+, P^- und P sind Mengen vom Typus G_δ und folglich meßbar.*

Es sei

$$\tau_1, \tau_2, \ldots, \tau_n, \ldots$$

eine monotone Folge von unbeschränkt zunehmenden positiven Zahlen und

$$\eta_1, \eta_2, \ldots, \eta_n, \ldots$$

eine monoton abnehmende Folge der dem Grenzwert Null zustrebenden positiven Zahlen. Wir bezeichnen mit P_n' eine Menge aller Stellen p, für welche sich ein $\tau > \tau_n$ angeben läßt von der Art, daß

$$\varrho(p, f(p, \tau)) < \eta_n$$

ist. Betrachten wir nun eine Stelle $p' \in P_n^+$, und es sei $\varrho(p', f(p', \tau)) = \beta < \eta_n$. Wir wählen eine positive Zahl $\varepsilon < \frac{1}{2}(\eta_n - \beta)$ und $\delta > 0$ so klein aus, daß die Ungleichheit $\varrho(f(p', t), f(q, t)) < \varepsilon$ für eine jede Stelle q, welche die Bedingung $\varrho(p', q) < \delta$ befriedigt, bei allen positiven $t \leq \tau$ erfüllt ist. Dies ist vermöge der stetigen Abhängigkeit der Phasenbewegungen von der Anfangsstelle ausführbar. Dann aber haben wir

$$\varrho(q, p') < \delta \leq \varepsilon < \frac{1}{2}(\eta_n - \beta),$$

$$\varrho(p', f(p, \tau)) = \beta,$$

$$\varrho(f(p', \tau), f(q, \tau)) < \varepsilon < \frac{1}{2}(\eta_n - \beta),$$

woraus gemäß der Dreieckseigenschaft

$$\varrho(q, f(q, \tau)) < \eta_n$$

folgt. Dies bedeutet, daß aus der Bedingung $p' \in P_n^+$ folgt

$$S(p', \varepsilon) \subset P_n^+,$$

d. h., P_n^+ ist eine offene Menge. Offenbar ist

$$P^+ = \bigcap_{n=1}^{\infty} P_n^+;$$

dies aber bedeutet, daß P^+ eine Menge vom Typus G_δ ist.

Analog wird bewiesen, daß P^+ ebenfalls eine Menge vom Typus G_δ ist.

Die Gültigkeit des Satzes für die Menge P geht aus der augenscheinlichen Gleichheit

$$P = P^+ \cap P^-$$

hervor.

Folgerung. Die Mengen $E^r \setminus P$ und $\Xi \setminus P$ sind meßbar.

9. Die oben dargelegten Sätze sind Präliminarien gewesen. Wir gehen nunmehr zu den Grundtheoremen über.

Satz 4.7. *Es sei $\mathfrak{M}$ eine meßbare, bei $t \to +\infty (t \to -\infty)$ keine Rücktreffstellen enthaltende Menge, wobei $f(p, t)$ für jede Stelle $p \in \mathfrak{M}$ und alle $t \geq 0 (t \leq 0)$ bestimmt ist. Ist* mes $\mathfrak{M} < 0$, *so läßt sich eine beschränkte meßbare Menge $\mathfrak{M}^* \subset \mathfrak{M}$ vom positiven Maß herausfinden, welche bei $t \to +\infty (t \to -\infty)$ keine Rücktreffmenge ist.*

Wir werden uns auf den Beweis des Satzes bei $t \to +\infty$ beschränken. Falls $t \to -\infty$ geht, so wird derselbe analog bewiesen.

Es sei

$$\tau_1, \tau_2, \ldots, \tau_n, \ldots$$

eine monotone Folge von unbeschränkt zunehmenden positiven Zahlen, und

$$\eta_1, \eta_2, \ldots, \eta_n, \ldots$$

eine monotone Folge der dem Grenzwert Null zustrebenden positiven Zahlen. Wir bezeichnen mit $\mathfrak{M}_n$ eine Menge sämtlicher Stellen $p \in \mathfrak{M}$ von der Art, daß bei allen $t \geq \tau_n$

$$f(p, t) \notin S(p, \eta_n).$$

Die Menge $\mathfrak{M}$ enthält keine Rücktreffstellen, deshalb gehört jede der Stellen $p \in \mathfrak{M}$ mindestens einer der Mengen $\mathfrak{M}_n$ an; daher ist

$$\mathfrak{M} = \bigcup_{n=1}^{\infty} \mathfrak{M}_n. \tag{4.14}$$

Zeigen wir nun, daß die $\mathfrak{M}_n$ meßbare Mengen sind. Dazu beweisen wir, daß jede der Mengen $\mathfrak{M}_n$ in bezug auf $\mathfrak{M}$ abgeschlossen ist. Es sei $p^* \in \mathfrak{M}$ eine Limesstelle (Häufungspunkt) für $\mathfrak{M}_n$. Setzen wir voraus, daß $p^* \notin \mathfrak{M}_n$; dann läßt sich ein Zeitpunkt $t_1' > \tau_n$ herausfinden von der Art, daß

$$\varrho(p^*, f(p^*, t_1)) = \beta < \eta_n$$

ist. Es sei $\varepsilon < \frac{1}{2}(\eta_n - \beta)$; wählen wir nun $\delta > 0$ so klein aus, daß für eine jede Stelle q, die der Bedingung $\varrho(p^*, q) < \delta$ genügt, die Ungleichheit

$$\varrho(f(p^*, t_1), f(q, t_1)) < \varepsilon$$

erfüllt ist, was vermöge der stetigen Abhängigkeit der Phasenbewegungen von der Anfangsstelle möglich ist. Außerdem kann man die Stelle q so wählen, daß $q \in \mathfrak{M}_n$, weil p^* eine Limesstelle für $\mathfrak{M}_n$ ist. Dann ergibt sich

$$\varrho(q, p^*) < \delta \leq \varepsilon < \frac{1}{2}(\eta_n - \beta),$$

$$\varrho(p^*, f(p^*, t_1)) = \beta,$$

$$\varrho(f(p^*, t_1), f(q, t_1)) < \varepsilon < \frac{1}{2}(\eta_n - \beta);$$

gemäß der Dreieckseigenschaft ist auch

$$\varrho(q, f(q, t_1)) < \eta_n.$$

Dies widerspricht aber der Tatsache, daß $q \in \mathfrak{M}_n$. Folglich ist $p^* \in \mathfrak{M}_n$ und $\mathfrak{M}_n$ eine abgeschlossene Menge.

Aus der Gleichheit (3.4) ergibt sich

$$\sum_{n=1}^{\infty} \operatorname{mes} \mathfrak{M}_n \geq \operatorname{mes} \mathfrak{M} > 0;$$

folglich läßt sich eine Menge $\mathfrak{M}_k$ herausfinden von der Art, daß

$$\operatorname{mes} \mathfrak{M}_k > 0$$

ist.

Es bedeute π eine Stelle der metrischen Dichtigkeit der Menge $\mathfrak{M}_k$; betrachten wir eine Menge

$$\mathfrak{M}_k' = \mathfrak{M}_k \cap S(\pi, \frac{1}{2}\eta_k).$$

Es ist klar, daß $\mathfrak{M}_k'$ eine meßbare Menge und daß $\operatorname{mes} \mathfrak{M}_k' > 0$ ist. Der Durchmesser der Menge $\mathfrak{M}_k'$ übertrifft $\frac{1}{2}\eta_k$ nicht. Für unsere Stelle $p \in \mathfrak{M}_k'$ haben wir nun doch

$$\varrho(p, f(p, t)) > \eta_k$$

bei sämtlichen $t > \tau_k$. Folglich ist

$$\mathfrak{M}_k' \cap f(\mathfrak{M}_k', t) = 0$$

bei $t > \tau_k$. Wenn wir nun $\mathfrak{M}^* = \mathfrak{M}_k'$ einsetzen, werden wir den Satz bewiesen haben.

Satz 4.8. *Ist eine meßbare Menge $A \subset E^\nu$ so beschaffen, daß jede ihrer Teilmengen vom positiven Maß eine Rücktreffmenge bei $t \to +\infty (t \to -\infty)$ ist, so sind sämtliche Stellen der Menge A, mit Ausnahme vielleicht einer Menge vom Maß Null, bei $t \to +\infty (t \to -\infty)$ Rücktreffstellen.*

Indem wir den Satz a contrario beweisen, setzen wir voraus, daß es eine Menge $\mathfrak{M}$, $\operatorname{mes} \mathfrak{M} > 0$, gibt, deren sämtliche Stellen keine Rücktreffstellen bei $t \to +\infty$ $(t \to -\infty)$ sind. Dann läßt sich, vermöge des Satzes 4.7, eine beschränkte meßbare Menge $\mathfrak{M}^*$, $\operatorname{mes} \mathfrak{M}^* > 0$, herausfinden, welche keine Rücktreffmenge bei $t \to +\infty (t \to -\infty)$ ist. Dies widerspricht aber den Bedingungen des Satzes.

Es sei A eine meßbare und im übrigen willkürliche Menge im Raum eines dynamischen Systems. Wir werden die Menge A regulär bei $t \to +\infty$ nennen, wenn eine Menge A^* sich für jedes beliebige $\tau > 0$ angeben läßt von der Art, daß $\operatorname{mes} A^* < \infty$ und

$$\bigcup f(A, t) \subset A^* \quad (0 \leq t \leq \tau)$$

ist. Analog wird eine bei $t \to -\infty$ reguläre Menge definiert.

Es bedeute B eine gewisse Menge und p eine Stelle des Phasenraumes; wir werden die Stelle p eine Rücktreffstelle relativ zur Menge B bei $t \to +\infty$ $(t \to -\infty)$ nennen, wenn sich eine positive (negative) Zahl t', $|t'| > T$, für ein beliebiges $T > 0$ angeben läßt von der Art, daß $f(p, t') \in B$.

Satz 4.9. *Es seien A eine reguläre Stellenmenge in dem Phasenraum vom invarianten Maß und W eine Menge, deren sämtliche Stellen bei $t \to +\infty (t \to -\infty)$ Rücktreffstellen relativ zu A sind; dann ist eine jede meßbare Menge $\mathfrak{M}^* \subset W$ von Nichtrücktreffstellen eine Menge vom Maß Null.*

Den Satz a contrario beweisend, nehmen wir an, daß eine Menge $\mathfrak{M}^* \subset W$ existiert, die nichtrückbezüglich mit dem Maß $\operatorname{mes} \mathfrak{M}^* > 0$ ist. Dann läßt sich eine positive Zahl τ von der Beschaffenheit angeben, daß die Mengen

$$f(\mathfrak{M}^*, n\tau) \quad (n = 0, 1, \ldots)$$

paarweise genommen, keine gemeinsamen Stellen besitzen. Die Menge A ist regulär, deshalb gibt es eine Menge A^*, mes $A^* < \infty$, von der Art, daß

$$\bigcup_{0 \leq t \leq \tau} f(A, t) \subset A^*.$$

Es ist nicht schwer zu erkennen, daß sich eine Teilfolge aus der Stellenfolge $f(p, n\tau)$, $n = 0, 1, 2, \ldots$ auswählen läßt, deren sämtliche Stellen in A^* enthalten sind, welches auch die beliebige Stelle $p \in \mathfrak{M}^*$ sein mag.

Wir führen Mengen

$$\mathfrak{M}_n^* = f(\mathfrak{M}^*, n\tau) \quad (n = 0, 1, 2, \ldots)$$

ein und ziehen die Mengen

$$D_n = A^* \cap \mathfrak{M}_n^*$$

in Betracht, von denen jede als Durchschnitt zweier meßbarer Mengen meßbar ist. Überdies durchschneiden sich die Mengen D_n nicht. Folglich wird die Reihe

$$\sum_{\nu=0}^{\infty} \text{mes}\, D_\nu \tag{4.15}$$

konvergent sein, da

$$D_\nu \subset A^*,$$

$$\bigcup_{\nu=0}^{\infty} D_\nu \subset A^*,$$

$$\text{mes} \bigcup_{\nu=0}^{\infty} D_\nu \leq \text{mes}\, A^* < \infty$$

und

$$\sum_{\nu=0}^{\infty} \text{mes}\, D_\nu = \text{mes} \bigcup_{\nu=0}^{\infty} D_\nu < \infty \tag{4.16}$$

ist. Fernerhin ist

$$f(D_n, -n\tau) = \mathfrak{M}^* \cap f(A^*, -n\tau), \tag{4.17}$$

nämlich eine Menge solcher Stellen $p \in \mathfrak{M}^*$, für welche der Einschluß

$$f(p, n\tau) \in A^*$$

gilt. Eine jede Stelle der Menge $\mathfrak{M}^*$ gehört einer unendlichen Anzahl der Mengen (4.17) und folglich auch jeder der Mengen

$$\overline{\mathfrak{M}}_n = \bigcup_{\nu=n}^{\infty} f(D_\nu, -\nu\tau) \quad (n = 1, 2, \ldots) \tag{4.18}$$

an.

Daher gilt bei einem jeden n der Einschluß

$$\mathfrak{M}^* \subset \overline{\mathfrak{M}}_n. \tag{4.19}$$

In Anbetracht der Invarianz des Maßes haben wir

$$\operatorname{mes} f(D_\nu, -\nu\tau) = \operatorname{mes} D_\nu; \tag{4.20}$$

vermöge der Beziehungen (4.18) und (4.20) ist dann aber

$$\operatorname{mes} \overline{\mathfrak{M}}_n = \sum_{\nu=n}^{\infty} \operatorname{mes} f(D_\nu, -\nu\tau) = \sum_{\nu=n}^{\infty} \operatorname{mes} D_\nu.$$

Die Reihe (4.15) konvergiert jedoch und

$$\sum_{\nu=n}^{\infty} \operatorname{mes} D_\nu$$

ist ihr Restglied; daher läßt sich eine dermaßen große natürliche Zahl $N = N(\varepsilon)$ für ein jedes $\varepsilon > 0$ angeben, daß

$$\operatorname{mes} \overline{\mathfrak{M}}_n < \varepsilon \tag{4.21}$$

für alle $n \geq N$ ist.

Die Einschlüsse (4.15), (4.20) und die Ungleichheit (4.21) beachtend, schließen wir, daß

$$\operatorname{mes} \mathfrak{M}^* < \varepsilon;$$

und da ε eine willkürliche positive Zahl ist, so bedeutet dies, daß

$$\operatorname{mes} \mathfrak{M}^* = 0$$

ist. Wir sind damit zum Widerspruch gekommen, womit der Satz bewiesen ist.

10. Wir wenden uns nunmehr dem Studium der Bewegungen eines Systems von n gravitierenden Körpern im Phasenraum zu, indem wir von den analytischen Beziehungen der Himmelsmechanik und von den oben bewiesenen allgemeinen Lehrsätzen der metrischen Theorie dynamischer Systeme Gebrauch machen.

Zunächst betrachten wir eine Menge Q aller Stellen $p \in \Xi$, für welche gilt:

$$\max_{ij} \{r_{ij}\} \to \infty \quad \text{bei} \quad t \to -\infty,$$

$$\max_{ij} \{r_{ij}\} \to \infty \quad \text{bei} \quad t \to +\infty.$$

Wir werden das Maß der Menge Q nicht untersuchen. Für unsere Ziele ist es hinreichend, den folgenden, diese Menge betreffenden rein logischen Satz zu beweisen.

Satz 4.10. *Aus der Voraussetzung, es sei* $\operatorname{mes} Q > 0$, *ergibt sich, daß sämtliche Stellen der Menge Q, mit Ausnahme vielleicht einer Menge vom Maß Null, die Bedingung*

$$\inf_{t \geq 0} (\min_{ij} \{r_{ij}\}) = 0$$

befriedigen.

Wir wollen mit Q^- die Menge sämtlicher Stellen $p \in E^{6n}$, für welche

$$r^*(t) = \max \{r_{ij}\} \to \infty \quad \text{bei} \quad t \to -\infty \tag{4.22}$$

gilt, bezeichnen und beweisen, daß dieselbe eine meßbare Menge ist. Aus der Eigenschaft (4.22) folgt, daß sich eine so große Zahl $T > 0$ angeben läßt, daß bei allen $t < -T$ die Größe $r^*(t) \geq R$ ist, von welcher Art auch die Stelle $p \in Q^-$ und die Zahl $R > 0$ sein mögen.

Es seien

$$R_1, R_2, \ldots, R_n, \ldots,$$
$$T_1, T_2, \ldots, T_n; \ldots$$

zwei monotone Folgen von unbeschränkt zunehmenden positiven Zahlen. Wir wollen mit $Q^- \{R_k, T_m\}$ die Menge sämtlicher Stellen, für welche

$$r^*(t) \geq R_k \quad \text{bei allen} \quad t < -T_m$$

ist, bezeichnen und beweisen, daß dieselbe eine abgeschlossene Menge ist.

Betrachten wir nämlich eine Menge G_k aller Stellen $p \in E^{6n}$, für welche

$$r^*(p) < R_k$$

ist; da nun $r^*(p)$ eine stetige Funktion einer Stelle des Phasenraumes ist, so ist G_k eine offene Menge. Indem wir den Beweis a contrario durchführen, nehmen wir an, $Q^- \{R_k, T_m\}$ sei eine nicht abgeschlossene Menge. Dann läßt sich eine Stelle $p^* \notin Q^- \{R_k, T_m\}$ finden, die ebenfalls eine Limesstelle für diese Menge ist. Für diese Stelle kann man einen Zeitpunkt $t' < -T_m$ angeben von der Art, daß

$$f(p^*, t') \in G_k;$$

und da die Menge G_k offen ist, so läßt sich ein dermaßen kleines $\varepsilon > 0$ angeben, daß

$$S(f(p^*, t'), \varepsilon) \subset G_k.$$

Nach der stetigen Abhängigkeit der Phasenbewegungen von der Anfangsstelle darf man ein $\delta > 0$ so klein wählen, daß

$$f(S(p^*, \delta), t') \subset S(f(p^*, t'), \varepsilon) \subset G_k. \tag{4.23}$$

Die Stelle p^* ist aber eine Limesstelle für $Q^- \{R_k, T_m\}$, daher läßt sich eine Stelle p' herausfinden, derart, daß

$$\begin{aligned} &p' \in Q^- \{R_k, T_m\}, \\ &p' \in S(p^*, \delta). \end{aligned} \tag{4.24}$$

Aus (4.22) und (4.23) ergibt sich

$$f(p', t') \in G_k,$$

dies führt aber zum Widerspruch. Die Abgeschlossenheit der Menge $Q^-\{R_k, T_m\}$ ist somit bewiesen.

Betrachten wir nun eine Menge

$$Q_k^- = \bigcup_{m=1}^{\infty} (Q^-\{R_k, T_m\} \cap \Xi). \tag{4.25}$$

Ihre Meßbarkeit folgt aus den oben gewonnenen Ergebnissen. Die Menge Q_k^- ist eine Gesamtheit von solchen Stellen des Phasenraumes, von denen jede die Menge

$$r^* < R_k \tag{4.26}$$

bei $t \to -\infty$ früher oder später für immer verläßt.

Aus der augenscheinlichen Formel

$$Q^- = \bigcap_{k=1}^{\infty} Q_k^-$$

ergibt sich die Meßbarkeit der Menge Q^-. Die Menge Q^- ist die Gesamtheit von solchen Stellen des Phasenraumes, von denen jede bei $t \to -\infty$ jede beliebige Menge von der Gestalt

$$r^*(p) < R_n \quad (n = 1, 2, \ldots) \tag{4.27}$$

früher oder später für immer verläßt.

Indem wir ähnliche Betrachtungen, aber für $t \to +\infty$, durchführen, werden wir meßbare Mengen

$$Q_k^+ = \bigcup_{m=1}^{\infty} (Q^+\{R_k, T_m\} \cap \Xi)$$

konstruieren, welche den Mengen (4.25) analog sind. Dann ist die meßbare Menge

$$Q^- \cap (\Xi \setminus Q_n^+)$$

die Gesamtheit sämtlicher solchen Stellen des Phasenraumes, von denen jede bei $t \to -\infty$ jede beliebige Menge von der Gestalt (4.27) für immer verläßt und rekurrent relativ zur Menge (4.26) bei $t \to +\infty$ ist.

Fernerhin ist es offenbar, daß

$$Q = \bigcup_{k=1}^{\infty} (Q^- \cap (\Xi \setminus Q_n^+))$$

ist, woher sich vorerst die Meßbarkeit der Menge Q ergibt.

Wir nehmen an, daß $\operatorname{mes} Q > 0$ sei, daher läßt sich ein solches ν finden, daß wir für eine Menge

$$Q_\nu = Q^- \cap (\Xi \setminus Q_\nu^-) \tag{4.28}$$

ein positives Maß, $\operatorname{mes} Q_\nu > 0$, haben.

Für das Weiterfolgende ist es sehr wichtig, daß Q_ν eine Menge von allen solchen Stellen ist, von denen jede bei $t \to -\infty$ eine jede Menge von der Gestalt

$$r^*(p) \leq R_n \quad (n = 1, 2, \ldots)$$

früher oder später für immer verläßt, aber bei $t \to +\infty$ rekurrent relativ zur Menge

$$r^*(p) \leq R_\nu$$

ist.

Es sei

$$\alpha_1, \alpha_2, \ldots, \alpha_n, \ldots$$

eine monotone Folge von positiven, dem Grenzwert Null zustrebenden Zahlen. Wir bezeichnen mit Λ_n eine Menge aller solchen Stellen $p \in E^{6n}$, für welche bei allen $t \geq 0$

$$r_*(p) = \min\{r_{ij}\} \geq \alpha_n$$

ist. Wir wollen nun zeigen, daß jede der Mengen Λ_k abgeschlossen ist. Betrachten wir eine Menge G'_k von sämtlichen Stellen, für welche

$$r_*(p) < \alpha_k$$

ist; da $r_*(p)$ eine stetige Funktion von der Stelle des Phasenraumes ist, so muß G'_k eine offene Menge sein. Nehmen wir an, Λ_k sei eine nicht abgeschlossene Menge. Dann läßt sich eine Stelle $p_* \notin \Lambda_k$ herausfinden, welche eine Limesstelle derselben ist. Man kann für diese Stelle einen Zeitpunkt $t'' > 0$ angeben von der Art, daß

$$f(p_*, t'') \in G'_k;$$

und da G'_k eine offene Menge ist, so läßt sich ein solch kleines $\varepsilon > 0$ angeben, daß

$$S(f(p_*, t'')) \subset G'_k.$$

Vermöge der stetigen Abhängigkeit der Phasenbewegungen von der Anfangsstelle kann man ein $\delta > 0$ so klein wählen, daß

$$f(S(p_*, \delta), t'') \subset S(f(p_*, t''), \varepsilon) \subset G'_k. \tag{4.29}$$

Die Stelle p_* ist aber eine Limesstelle für Λ_k. Daher läßt sich eine Stelle p'' herausfinden von der Art, daß

$$p'' \in \Lambda_k,$$
$$p'' \in S(p_*, \delta). \tag{4.30}$$

Aus (4.29) und (4.30) ergibt sich

$$f(p'', t'') \in G'_k;$$

dies aber führt zum Widerspruch. Die Abgeschlossenheit und damit die Meßbarkeit von Λ_k sind somit festgestellt.

Nunmehr wenden wir uns dem unmittelbaren Beweis des Satzes zu.

Wir werden den Beweis a contrario durchführen. Ist der Satz falsch, so läßt sich ein solches μ herausfinden, daß wir für eine meßbare Menge

$$Q_\nu^\mu = Q_\nu \Lambda_\mu$$

das Maß

$$\operatorname{mes} Q_\nu^\mu > 0 \tag{4.31}$$

haben. Wir nehmen nun eine monotone Folge von unbeschränkt zunehmenden positiven Zahlen

$$H_1, H_2, \ldots, H_n, \ldots$$

und bezeichnen mit W_k eine Menge sämtlicher Stellen, deren Phasenkoordinaten die Ungleichheit

$$|H| = \left| \frac{1}{2} \sum_{i=1}^{n} m_i (x_i'^2 + y_i'^2 + z_i'^2) - U \right| \leq H_k$$

befriedigen. Da die linke Seite dieser Ungleichheit eine auf Ξ stetige Funktion von der Stelle ist, so ist jede der Mengen W_k eine offene Menge. Indem wir Q_ν^μ in Gestalt einer Summe der abzählbaren Anzahl von meßbaren Mengen

$$Q_\nu^\mu = \bigcup_{k=1}^{\infty} (Q_\nu^\mu \cap W_k)$$

darstellen und die Ungleichheit (4.31) berücksichtigen, schließen wir, daß sich eine natürliche Zahl h von der Art finden läßt, daß man für die Menge

$$W = Q_\nu^\mu \cap W_h,$$

$$\operatorname{mes} W > 0$$

erhält.

Für weitere Betrachtungen ist es wichtig, die vier Eigenschaften aufzuzählen, welche die der Menge W zugehörigen Stellen p besitzen:

1) Wenn $p \in W$, so verläßt $f(p, t)$ jede beliebige Menge von der Gestalt

$$r^*(p) \leq R_n \quad (n = 1, 2, \ldots)$$

bei $t \to +\infty$ für immer, d. h. $r^*(t) \to \infty$ bei $t \to -\infty$;

2) Eine jede Stelle $p \in W$ ist eine Rücktreffstelle relativ zur Menge

$$r^*(p) < R_\nu$$

bei $t \to +\infty$;

3) Wenn $p \in W$, so ist eine Bewegung $f(p, t)$ so beschaffen, daß $r_*(t) \geq \alpha_\mu$ bei sämtlichen $t \geq 0$;

4) Wenn $p \in W$, so ist die Ungleichheit

$$|H| = \left| \frac{1}{2} \sum_{i=1}^{n} m_i (x_i'^2 + y_i'^2 + z_i'^2) - U \right| \leq H_n$$

für eine Bewegung $f(p, t)$ bei allen reellen t-Werten erfüllt.

Bezeichnen wir mit B eine Menge sämtlicher Stellen p, für welche

$$\min \{r_{ij}\} \geq \alpha_\mu \quad \text{bei allen} \quad t \geq 0 \tag{4.32}$$

ist, wobei

$$|H| < H_h; \tag{4.33}$$

die Meßbarkeit dieser Menge geht aus den vorangehenden Untersuchungen hervor. Außerdem liegt auf der Hand, daß

$$f(p, t) \in B \quad \text{bei allen} \quad t \geq 0 \tag{4.34}$$

und daß die Menge B invariant bei $t \to +\infty$ ist, falls $p \in W$. Wir wollen zeigen, daß die Phasengeschwindigkeit v, als eine Funktion der Stelle des Phasenraumes aufgefaßt, auf der Menge B beschränkt ist. Für das Quadrat dieser Geschwindigkeit haben wir:

$$v^2 = \sum_{i=1}^{n} \left\{ \left(\frac{dx_i'}{dt}\right)^2 + \left(\frac{dy_i'}{dt}\right)^2 + \left(\frac{dz_i'}{dt}\right)^2 + \left(\frac{dx_i}{dt}\right)^2 + \left(\frac{dy_i}{dt}\right)^2 + \left(\frac{dz_i}{dt}\right)^2 \right\}$$

$$= \sum_{i=1}^{n} \left\{ \left(\frac{1}{m_i} \frac{\partial U}{\partial x_i}\right)^2 + \left(\frac{1}{m_i} \frac{\partial U}{\partial y_i}\right)^2 + \left(\frac{1}{m_i} \frac{\partial U}{\partial z_i}\right)^2 + x_i'^2 + y_i'^2 + z_i'^2 \right\}. \tag{4.35}$$

Aus der Ungleichheit (4.32) folgt, daß die Potentialfunktion U nach oben beschränkt ist; daher läßt sich ein $H^* > 0$ angeben, derart, daß $U < H^*$ ist, und man hat dann

$$\frac{1}{2} \sum_{i=1}^{n} m_i (x_i'^2 + y_i'^2 + z_i'^2) < H + H^*,$$

d. h., die kinetische Energie ist nach oben beschränkt. Dann aber werden die Funktionen $x_i'^2$, $y_i'^2$, $z_i'^2$ nach oben beschränkt sein. Indem wir die Potentialfunktion U nach x_i differenzieren, erhalten wir

$$\frac{\partial U}{\partial x_i} = - \sum_{ij} \frac{m_i m_j}{r_{ij}^2} \cdot \frac{\partial r_{ij}}{\partial x_i};$$

da aber

$$\left| \frac{\partial r_{ij}}{\partial x_i} \right| \leq 1$$

ist, so ergibt sich

$$\left| \frac{\partial U}{\partial x_i} \right| \leq \sum_{ij} \frac{m_i m_j}{r_{ij}^2}.$$

Aus dieser Ungleichheit und der Bedingung (4.32) folgt, daß

$$\left(\frac{\partial U}{\partial x_i}\right)^2$$

eine nach oben beschränkte Funktion ist. Analog wird die Beschränktheit der Funktionen

$$\left(\frac{\partial U}{\partial y_i}\right)^2, \quad \left(\frac{\partial U}{\partial z_i}\right)^2$$

gezeigt. Aus den gewonnenen Ergebnissen und der Gleichheit (4.35) folgt, daß v^2 und daher auch v auf der Menge B nach oben beschränkte Funktionen sind.

Es sei

$$A = B \cap S(nR_\nu),$$

wo $S(nR_\nu)$ eine offene Sphäre mit dem Mittelpunkt im Koordinatenursprung[1]) und n eine natürliche Zahl bedeuten. Wir haben die Beschränktheit der Phasengeschwindigkeit auf der Menge B bewiesen; daher läßt sich eine positive Zahl b angeben von der Art, daß $|v| < b$ ist. Da $A \subset B$, so wird diese Geschwindigkeitsabschätzung auch für die Menge A bestehen. Wählen wir nun ein im übrigen willkürliches $\tau > 0$; die Länge eines von einer Stelle $f(p, t)$ im Zeitintervall von 0 bis τ in dem Phasenraum zurückgelegten Bahnkurvenstückes übertrifft $b\tau$ nicht, von welcher Art auch die Stelle $p \in B$ sein mag. Demnach haben wir für eine jede Stelle $p \in A$ die Beziehung, daß bei allen t von der Beschaffenheit $0 \leq t \leq \tau$

$$f(p, t) \in S(nR_\nu + b\tau)$$

gilt. Dann ist aber

$$\bigcup_{0 \leq t \leq \tau} f(A, t) \subset S(nR_\nu + b\tau),$$

und da $S(nR_\nu + b\tau)$ eine beschränkte Menge ist, so ist $\operatorname{mes} S(nR_\nu + b\tau) < \infty$, und folglich ist die Menge A regulär bei $t \to +\infty$.

Zur Vollendung des Beweises bleibt uns nur noch übrig, einen Widerspruch herzuleiten.

Zunächst wollen wir zeigen, daß es bei $t \to -\infty$ eine Menge $\mathfrak{M}^* \subset W$ von Nichtrücktreffpunkten gibt von der Art, daß $\operatorname{mes} \mathfrak{M}^* > 0$ ist. Nehmen wir an, dies sei falsch. Dann wird jede beliebige meßbare Teilmenge von W mit positivem Maß eine Rücktreffmenge sein. In diesem Fall aber werden alle Stellen der Menge W, mit Ausnahme vielleicht einer Teilmenge vom Maß Null, vermöge des Satzes 4.8 Rücktreffstellen bei $t \to -\infty$ sein. Für die durch jede beliebige Stelle $p \in W$ bestimmte Bewegung $f(p, t)$ haben wir

$$\max \{r_{ij}\} \to \infty \quad \text{bei} \quad t \to -\infty.$$

---

[1]) Wir betrachten eine Bewegung von n gravitierenden Punkten in einem Koordinatensystem mit dem Ursprung im Schwerpunkt des Systems.

Doch ist dies für Rücktreffstellen unmöglich, und wir sind somit zum Widerspruch gekommen. Es gibt also eine Menge $\mathfrak{M}^* \subset W$, mes $\mathfrak{M}^* > 0$, die keine Rücktreffmenge bei $t \to -\infty$ ist. Dem Satz 4.3 gemäß wird die Menge $\mathfrak{M}^*$ auch bei $t \to +\infty$ keine Rücktreffmenge sein. Wir wissen aber, daß jede Stelle $p \in W$ eine Rücktreffstelle bei $t \to +\infty$ relativ zur Menge

$$r^*(p) < R_\nu$$

ist. Wenn aber eine Stelle $f(p, t')$ in einem gewissen Zeitpunkt der Menge $r^*(p) < R_\nu$ angehört, so übertreffen die gegenseitigen Abstände zwischen gravitierenden Körpern das R_ν nicht, und deshalb übertrifft der Abstand jedes beliebigen Körpers unter ihnen von dem im Schwerpunkt des Systems liegenden Koordinatenursprung das nR_ν nicht, d. h. $f(p, t') \in S(nR_\nu)$. Demnach wird eine jede relativ zur Menge $r^*(p) < R_\nu$ Rücktreffstelle p rekurrent zu $S(nR_\nu)$ sein. Diese Betrachtungen nebst der Bedingung (4.34) berechtigen uns zu behaupten, daß eine jede Stelle $p \in W$ bei $t \to +\infty$ eine Rücktreffstelle relativ zur Menge

$$A = B \cap S(nR_\nu)$$

sein wird, welche regulär bei $t \to +\infty$ ist. Wir sind zu den Bedingungen des Satzes 4.9 gekommen, aus welchem folgt, daß mes $\mathfrak{M}^* = 0$ ist. Der Widerspruch ist gewonnen, und der Satz ist somit bewiesen.

Ein System von n gravitierenden Körpern werden wir *fast stabil* bei $t \to +\infty$ nennen, wenn

$$\max_{ij} \{r_{ij}\} \not\to \infty \quad \text{bei} \quad t \to +\infty,$$

und wenn sich eine Zahl $\alpha > 0$ von der Art angeben läßt, daß die Bedingung

$$\min_{ij} \{r_{ij}\} \geq \alpha$$

bei sämtlichen $t \geq 0$ erfüllt ist.

Ein System von n gravitierenden Körpern werden wir *stabil* bei $t \to +\infty$ nennen, wenn sich Zahlen $R > 0$ und $\alpha > 0$ angeben lassen von der Art, daß die Bedingungen

$$\max_{ij} \{r_{ij}\} < R, \quad \min_{ij} \{r_{ij}\} \geq \alpha$$

bei allen $t \geq 0$ erfüllt sind.

Zur heutigen Zeit ist es unbekannt, ob „fast stabile" Systeme existieren, welche zugleich nicht stabil sind.

Wir werden sagen, daß ein System von n gravitierenden Körpern die vom Unendlichen angekommenen Körper enthält, falls

$$\max_{ij} \{r_{ij}\} \to \infty \quad \text{bei} \quad t \to -\infty.$$

Satz 4.11. *Ein System von gravitierenden Körpern, das die vom Unendlichen ankommenden Körper enthält, kann für alle Anfangsbedingungen, mit Ausnahme vielleicht einer Anfangsbedingungsmenge vom Maß Null, kein „fast stabiles" System sein.*

Wir werden diesen Satz a contrario beweisen.

Ist der Satz falsch, so läßt sich eine Zahl $\alpha > 0$ angeben von der Art, daß eine Menge Q^* von sämtlichen, den Bedingungen

$$\max_{ij} \{r_{ij}\} \to \infty \quad \text{bei} \quad t \to -\infty,$$

$$\max_{ij} \{r_{ij}\} \to \infty \quad \text{bei} \quad t \to +\infty$$

$$\inf_{t \geq 0} (\min_{ij} \{r_{ij}\}) \geq \alpha \tag{4.36}$$

genügenden Stellen $p \in \Xi$ eine Menge vom positiven Maß wird:

$$\operatorname{mes} Q^* > 0. \tag{4.37}$$

Es ist aber $Q^* \subset Q$, wo Q eine Menge aller Stellen $p \in \Xi$ bedeutet, die den Bedingungen (4.36) genügen. Aus dem Einschluß $Q^* \subset Q$ und der Bedingung (4.37) folgt, daß

$$\operatorname{mes} Q > 0 \tag{4.38}$$

ist. Vom Satz 4.10 wissen wir, daß die Bedingung

$$\inf_{t \geq 0} (\min_{ij} \{r_{ij}\}) = 0$$

unter Erfüllung der Bedingung (4.38) für alle Stellen der Menge Q, mit Ausnahme vielleicht einer Untermenge vom Maß Null, erfüllt ist.

Diese Schlußfolgerung gilt offensichtlich auch für die Menge $Q^* \subset Q$; dies widerspricht aber der Bedingung (4.36).

Der Satz ist damit bewiesen.

KAPITEL V

Die Analyse einiger Fälle der Evolution von Systemen gravitierender Körper

1. Über die zwei Jahrhunderte lange Entwicklung der Planetenkosmogonie hat man oftmals gesprochen als eine zufällige Abwechslung verschiedener Hypothesen oder als ein Prüfen verschiedenartiger Wege, die keine bestimmten Ergebnisse geliefert hatten. Dies ist jedoch nicht der Fall. Die Geschichte der wissenschaftlichen Kosmogonie ist ein den allgemeingültigen Entwicklungsgesetzen der Erkenntnis unterworfener Vorgang. Kosmogonische Kenntnisse werden in der Form relativer Wahrheiten angeeignet, in deren Entwicklungsgang sich die Elemente von immer objektiveren Kenntnissen allmählich formieren. Das Wachsen von kosmogonischen Erkenntnissen, wie auch von allen anderen, ist freilich sehr kompliziert und widersprüchlich; gleichzeitig mit wahren Behauptungen wurden auch falsche vorgebracht. Im Entwicklungsgang der Kosmogonie entstehen jedoch Vorstellungen, die künftighin nicht mehr absterben, sondern verändert und in dieser oder jener Gestalt entwickelt, in der Wissenschaft zurückbleiben. Die Geschichte der Wissenschaften zeigt, daß derartige nicht absterbende, sondern sich entwickelnde Vorstellungen gerade den Teil der Wissenschaft bilden, in welchem die Elemente der objektiven Kenntnisse, je nach dem Wachsen derselben, formiert werden.

In der Planetenkosmogonie gehört zu allererst die Idee über die Bildung des Sonnensystems und ihm ähnlicher, gesetzmäßig aus einer rotierenden zerstreuten Materie aufgebauter Systeme der Reihe derartiger Vorstellungen zu. Es entstanden viele Dispute über den physikalischen Zustand dieser Materie, über genetische Zusammenhänge derselben mit diesen oder jenen kosmischen Körpern und über den Charakter des Vorganges ihrer Ansammlung und Umwandlung in große Körper. Die allgemeine Grundlage dieser Idee hat aber die Zeitprobe bestanden und ist durch die Erfahrung der zwei Jahrhunderte langen Entwicklung der Planetenkosmogonie bestätigt worden. In dieser Grundlage sind die Elemente objektiver Erkenntnisse enthalten. Die Idee über die Formung der Planeten aus einem zerstreuten rotierenden Stoff geht fast zwangsläufig aus den Eigenschaften und Gesetzmäßigkeiten des Sonnensystems hervor.

Die Grundvorgänge, mit denen man in kosmogonischen Untersuchungen zu tun hat, sind also die Vorgänge der Ansammlung in kleinem Volumen des in umfangreichen Raumgebieten zerstreuten Stoffes, die Vorgänge der Verdichtung dieses Stoffes und die Vorgänge der Vereinigung der kleinen Teilchen zu großen Körpern bei der Bildung kosmischer Systeme. Es ist zweifellos, daß die Gravitationskräfte in derartigen Vorgängen die hauptsächliche Bedeutung haben. In der heutigen Zeit kann man allerdings trotzdem für festgestellt halten, daß die Gravitationskräfte allein zur Verwirklichung dieser Vorgänge unzureichend sind und daß die mit Energieumwandlungen zusammenhängenden physikalischen Erscheinungen eine führende Bedeutung haben. Daher wird die vollständige Analyse wohl nicht ein Gegenstand der Gravitationsmechanik allein sein.

Trotzdem können die Lehrsätze in diesen Untersuchungen der Himmelsmechanik bedeutende Hilfe leisten. Wir werden von folgenden Betrachtungen ausgehen: Das zerstreute rotierende Mittel — ein Material, aus dem das Sonnensystem sich formte — im Urzustand, d. h. als Objekt der bevorstehenden Evolution genommen, kann als ein System von vielen gravitierenden Körpern angesehen werden. Das Endprodukt der Evolution — das Sonnensystem — stellt ebenfalls ein System von vielen gravitierenden Körpern dar, wenn auch ein System von einer geringeren Anzahl von Körpern mit bedeutenderer Größe. Indem wir in die Vorgänge und den Mechanismus der Umwandlung des Anfangssystems ins Endsystem nicht eindringen, sondern dieselben nur als zwei Systeme von gravitierenden Körpern vergleichen, konstatieren wir, daß die Verwandlung eines Systems in das andere sich nach den Gesetzen der Gravitationsmechanik allein nicht verwirklichen läßt. Wenn wir in den Schranken einer nur mechanischen Fragestellung verharren, können wir natürlich diejenigen physikalischen Faktoren, welche in dem uns interessierenden Übergang leitend sind, nicht eruieren. Und dennoch vermag die mechanische Betrachtung der Frage wichtige Ergebnisse zu liefern. Ohne die Natur der physikalischen Faktoren aufzudecken, können wir doch eine gewisse Vorstellung über dieselbe gewinnen, in dem wir die von ihnen verursachten mechanischen Folgeerscheinungen aufklären.

2. Wir betrachten n gravitierende Körper $P_0, P_1, \ldots, P_{n-1}$; es bedeute r_{ij} den Abstand zwischen den Körpern P_i und P_j. Wir werden sagen, daß eine vollständig hyperbolische Näherung der in Betracht kommenden Körper eintrifft, falls die Bedingungen

$$r_{ij}(t) \to +\infty \quad \text{bei} \quad t \to -\infty$$

für sämtliche Abstände erfüllt sind.

Man kann sich leicht überzeugen, daß die vollständig hyperbolische Annäherung ein real möglicher Fall der Bewegung eines Systems von n gravitierenden Körpern ist. Es ist nämlich bekannt, daß die Operation der Umkehrung des Zeitvorzeichens in rein dynamischen Aufgaben berechtigt ist. Sind die Ungleichheiten (3.24) bei der Zeitänderung in negativer Richtung erfüllt, so ergibt sich demnach aus dem entsprechend umformulierten Satz 3.4, daß eine vollständig hyperbolische Annäherung stattfindet. Mehr als das: Da r_{ij} und r'_{ij} stetige Funktionen der Koordinaten des Phasenraumes des Systems von n gravitierenden Körpern sind, so ist die Menge aller Stellen des Phasenraumes, deren Koordinaten die Bedingung (3.24) befriedigen, eine offene Menge. Hieraus folgt, daß die Menge sämtlicher Stellen des Phasenraumes, welche die Anfangsstellen des Regimes einer vollständig hyperbolischen Annäherung sind, eine Menge vom positiven Maß ist.

Wir wollen nun die Unmöglichkeit einer solchen Bewegung zeigen, bei welcher die Bedingungen

$$r_{ij}(t) \to \infty \quad \text{bei} \quad t \to -\infty \tag{5.1}$$

und

$$r_{ij}(t) < R \quad \text{bei} \quad t \geq 0 \tag{5.2}$$

erfüllt sind, wobei R jede beliebige positive Zahl bedeutet.

Indem wir die Menge der Anfangszustände vom Maß Null (den Fall $H = 0$) vernachlässigen, dürfen wir behaupten, daß die Ungleichheit $H > 0$ sich aus den Bedingungen (5.1) und dem Satz 1.1 ergibt. Ferner nimmt vermöge des Satzes 1.2 mindestens einer der gegenseitigen Abstände zwischen den Körpern bei $t \to +\infty$ unbeschränkt zu, was der Bedingung (5.2) widerspricht.

Wir sehen also, daß ein System, in dem die gegenseitigen Abstände bei $t \geq 0$ beschränkt sind, bei einer vollständig hyperbolischen Annäherung der gravitierenden Körper nicht entstehen kann. Trotzdem ist jedoch die Vereinigung nicht aller, sondern eines gewissen Teiles von einander näher kommenden Körpern in ein Untersystem mit beschränkten gegenseitigen Abständen möglich. Für drei gravitierende Körper ist dies in der von O. J. Schmidt, H. F. Chilmi, N. N. Parijsky und G. A. Merman ausgearbeiteten Einfangstheorie streng bewiesen. Man könnte nun Beispiele der Realisierung derartiger Bewegungen für eine größere Anzahl von gravitierenden Körpern konstruieren, die jedoch etwas künstlich sind und sehr umfangreiche Rechnungen erfordern. Wir können aber genügend deutliche Vorstellungen über die uns interessierenden Erscheinungen mit Hilfe folgender einfacher Überlegungen gewinnen.

Hat sich ein stabiles Untersystem nach einer Annäherung der vom Unendlichen ankommenden Körper ausgesondert, so ist einerseits $U \to 0$ bei $t \to -\infty$ und andererseits gibt es die auf der Menge $t \geq 0$ beschränkten gegenseitigen Abstände; daher läßt sich eine konstante Zahl U_0 und ein Zeitpunkt I von der Art angeben, daß bei $t > I$ auch $U > U_0$ ist.

Dabei erkennen wir aus der Formel

$$I^2(t) = I_0^2 + I_0'^2 t + 2M \int_0^t \int_0^t (U + 2H)\, dt\, dt,$$

in welcher wir $H > 0$ anzunehmen haben, daß das Trägheitsmoment $I^2(t)$ nach der Annäherung der Körper bei $t \to +\infty$ stärker als bei $t \to -\infty$ zunehmen wird, ungeachtet dessen, daß sämtliche Abstände bei $t \to -\infty$ unbeschränkt zunehmen, während bei $t \to +\infty$ nicht alle, sondern nur ein Teil derselben unbeschränkt anwächst. Dies bedeutet, daß die Gravitationsvereinigung eines Teiles von Körpern von einer Entstehung von Bewegungen mit übermäßig erhöhter Geschwindigkeit begleitet wird.

Eine physikalische Deutung derartiger Tatsachen ergibt sich wie folgt. Die übermäßig große kinetische Energie der Körper, welche dieselben bei einer Annäherung aus dem Unendlichen besitzen, behindert die Gravitationsvereinigung sämtlicher Körper. Bei der Verwirklichung bestimmter Bedingungen kann jedoch ein Teil von Körpern ein sich nicht zerstreuendes System bilden. Dies kann bei der Umverteilung von Energie infolge der Gravitationswechselwirkung der naherkommenden Körper geschehen, dank welcher eine schnelle Bewegung einiger Teile des Systems relativ zu den anderen entsteht.

Wenn die kinetische Energie der Relativbewegungen von Teilen des Systems den größeren Anteil an der Gesamtenergie desselben beträgt, so können diese Teile die nicht dissipativen Systeme werden. Die Vereinigung eines Teiles von gravitierenden Körpern in ein oder mehrere nicht dissipative Untersysteme wird unbedingt von der Entstehung eines „Energieabflusses“ in dem System, d. h. von der Entstehung solcher Relativbewegungen der Untersysteme begleitet, für welche der die Vereinigung behindernde Energieüberschuß aufgewandt wird. Der Satz 3.8 zeigt, daß, wenn in einem System von n gravitierenden Körpern wenigstens ein Körper hinreichend große kinetische Energie besitzt, die übrigen Körper kein dissipatives System sein können.

Wir sehen also, daß Vereinigung und Zerstreuung der gravitierenden Systeme untereinander aufs engste verbunden sind. Die Entstehung einer dieser Erscheinungen ist ohne Kompensation durch Entstehung der anderen unmöglich. *Vereinigung und Zerstreuung in gravitierenden Systemen sind verschiedene Seiten derselben Erscheinung von Gravitationswechselwirkung der Materie.*

Die von uns gewonnenen Ergebnisse bedeuten nicht, daß die Vereinigung aller in ein sich nicht zerstreuendes System bei einer hyperbolischen Annäherung unter dem Einwirken der gegenseitigen Anziehungen unmöglich ist. Aus unseren Untersuchungen geht nur hervor, daß ein solcher Vorgang als ein rein dynamischer Vorgang unmöglich ist. Man kann aber denselben für möglich halten, falls man Vorgänge von einem allgemeineren Typus in Betracht zieht.

In der Tat, wenn irgendein physikalischer Vorgang, welcher den die Vereinigung behindernden Überschuß der kinetischen Energie verschlingt, bei einer Annäherung unter Einwirkung gegenseitiger Anziehungen entsteht oder sich nachher anschließt, so kann die Vereinigung sich ohne Zerstreuungserscheinungen oder bei Zerstreuungsabschwächung verwirklichen. In diesem Fall tritt die „Ersetzung" von Zerstreuung durch irgendeinen physikalischen, den Überschuß der mechanischen Energie absorbierenden Vorgang auf, welcher diese Energie in nichtmechanische Formen verwandelt.

Bei Meteorstaubwolken kann der Übergang eines Teiles der kinetischen Energie in Wärmeenergie bei nichtelastischen Zusammenstößen der Teilchen die wichtigste Form des „Abflusses" von mechanischer Energie sein. Beim Vorhandensein eines solchen „Abflusses" kann die Vereinigung sich ohne Zerstreuung oder bei abgeschwächter Zerstreuung der Wolkenteilchen als möglich erweisen. Insbesondere ist ein Einfang der Meteorstaubteilchen bei der Annäherung eines Sternes mit einer Wolke der Meteorstaubmaterie möglich. T. A. Agekjan hat die Dynamik der Sterndurchgänge durch Wolken von Meteorstaubmaterie untersucht und eine Theorie des durch Verlust von kinetischer Energie der Teilchen bei nichtelastischen gegenseitigen Zusammenstößen bedingten Einfangs ausgearbeitet.

3. Wir können weitere allgemeingültige Schlüsse formulieren, indem wir von dem in Kapitel IV bewiesenen Satz 4.11 Gebrauch machen. Dazu ist notwendig, sich Rechenschaft abzulegen, unter welchen Bedingungen sich die Evolution dieses oder jenes Systems von realen Körpern mit Hilfe der Gesetze der Dynamik eines Systems von n gravitierenden Körpern beschreiben läßt.

Als materielle Punkte werden reale Körper, wie Sterne, Planeten, kleine harte Teilchen oder andere Körper idealisiert. Die Idealisierung der realen Körper als materielle Punkte ist solange zulässig, als die Abstände zwischen denselben im Vergleich mit ihren Ausmaßen hinreichend groß sind. Bei einer nahen Anordnung der Körper, sobald die Abstände zwischen ihnen mit ihren Ausmaßen vergleichbar sind, hört die Idealisierung der realen Körper zu materiellen Punkten auf, gerechtfertigt zu sein. In diesen Fällen entstehen die verschiedenen physikalischen Erscheinungen, die von Verwandlungen der mechanischen Energie in nichtmechanische Formen begleitet werden. Schließlich können die Körper selbst wesentliche Veränderungen bei engen Annäherungen erleiden; sie können zusammenstoßen, sich zerschlagen oder, umgekehrt, sich vereinigen u. ä. In denjenigen Fällen, wo wir annehmen, daß die Bewegung der realen Körper in dem gegebenen Zeitintervall durch die Gleichungen der Dynamik eines Systems von gravitierenden Körpern beschrieben werden kann, müssen wir voraussetzen, daß die gegenseitigen Abstände zwischen den Körpern nicht kleiner als eine gewisse Grenze $\alpha > 0$ werden, deren Wert von den konkreten Besonderheiten des gegebenen Körpersystems abhängt.

Nach diesen Bemerkungen wollen wir ein System von n gravitierenden Körpern $P_0, P_1, \ldots, P_{n-1}$ betrachten, welches nach der Voraussetzung die folgenden Eigenschaften besitzt:

$$r_{0j}(t) \to \infty \quad \text{bei} \quad t \to -\infty \quad (j = 1, 2, \ldots, n-1),$$

$$r_{ij}(t) \nrightarrow \infty \quad \text{bei} \quad t \to +\infty \quad \left(\begin{matrix} i, j = 1, 2, \ldots, n-1 \\ i \neq j \end{matrix}\right),$$

d. h., wir wollen ein sich bei $t \to +\infty$ nicht dissipatives System von Körpern $P_1, P_2, \ldots, P_{n-1}$ betrachten, dem sich der vom Unendlichen angekommene Körper P_0 anschließt. Zeigen wir nun, daß wenn ein nicht dissipatives materielles System sich nach dem Anschluß des Körperns P_0 zu dem System $P_1, P_2, \ldots, P_{n-1}$ bildet, kann der Bildungsvorgang dieses Systems nicht rein mechanisch sein; er wird unbedingt von Verwandlungen der mechanischen Energie in nichtmechanische Formen begleitet.

In der Tat, folgt aus dem Satz 4.11, daß die untere Schranke der gegenseitigen Abstände in jedem beliebigen System von n Körpern, welches einen vom Unendlichen ankommenden Körper in seinem Bestand enthält, aber keine ins Unendliche fortkommenden Körper besitzt, mit Ausnahme der Menge der Anfangsbedingungen vom Maß Null, gleich Null ist. Dann aber kommen unbedingt beliebig enge Annäherungen der Körper und dadurch hervorgerufene nichtmechanische Erscheinungen in dem System vor.

Der Einfachheit halber haben wir den Fall betrachtet, wo ein System nur *einen* vom Unendlichen angekommenen Körper enthält. Jedoch gelten unsere Schlußfolgerungen auch bei einer beliebigen Anzahl von solchen Körpern.

4. Wir leiten nun eine Ungleichheit her, welche weiterhin benutzt werden wird.

Wir wollen n gravitierende Körper $P_1, P_2, \ldots, P_n$ mit den Massen $m_1, m_2, \ldots, m_n$ betrachten, indem wir ihre Bewegung in einem Koordinatensystem mit einem in dem Schwerpunkt des Systems verlegten Ursprung beschreiben.

Wir schreiben nun die Identitäten hin, deren Gültigkeit sich durch unmittelbare Nachprüfung feststellen läßt:

$$x_i'^2 + y_i'^2 + z_i'^2 = \frac{1}{r_i^2}\left[(x_i y_i' - y_i x_i')^2 + (y_i z_i' - z_i y_i') + (z_i x_i' - x_i z_i')^2\right] + r_i'^2$$

$$(i = 1, 2, \ldots, n).$$

Wenn wir diese Identitäten respektive mit $m_1, m_2, \ldots, m_n$ multiplizieren und addieren, so erhalten wir

$$2T = P + \Omega^2, \tag{5.3}$$

worin I die kinetische Energie bedeutet, und wo

$$P = \sum_{i=1}^{n} \frac{m_i}{r_i^2} (x_i y_i' - y_i x_i')^2 + \sum_{i=1}^{n} \frac{m_i}{r_i^2} (y_i z_i' - z_i y_i')^2 + \sum_{i=1}^{n} \frac{m_i}{r_i^2} (z_i x_i' - x_i z_i')^2 \quad (5.4)$$

und

$$\Omega^2 = \sum_{i=1}^{n} m_i r_i'^2 \quad (5.5)$$

ist.

Betrachten wir die erste Summe der rechten Seite im Ausdruck (5.4). In dieser Summe stellen die variablen Größen x_i, y_i, x_i', y_i' keine unabhängigen Veränderlichen dar. Sie hängen durch die das Flächenintegral ausdrückende Beziehung (1.6) miteinander zusammen. Wenn wir ein bedingtes Minimum des ersten Summanden der Gleichheit (5.4) durch Anwendung der Regel der Lagrangeschen Multiplikatoren bestimmen, so finden wir, daß dieses Minimum gleich c_1^2/J^2 ist.

Analog finden wir, daß die bedingten Minima zweier anderer Summen auf der rechten Seite der Gleichheit (5.4) gleich

$$\frac{c_2^2}{J^2} \text{ und } \frac{c_3^2}{J^2}$$

sind. Wenn wir von diesen Ergebnissen Gebrauch machen und uns daran erinnern, daß

$$\Theta^2 = c_1^2 + c_2^2 + c_3^2$$

ist, so finden wir

$$P \geq \frac{\Theta^2}{J^2}. \quad (5.6)$$

Aus den Relationen (5.3) und (5.6) ergibt sich

$$2T \geq \frac{\Theta^2}{J^2} + \Omega^2$$

oder

$$J^2 \geq \frac{\Theta^2}{2T - \Omega^2.}. \quad (5.7)$$

Aus dem Energieintegral finden wir

$$2T = 2(U + H);$$

indem wir diesen Ausdruck für $2T$ in (5.7) einsetzen, erhalten wir die gesuchte Ungleichheit

$$J^2 \geq \frac{\Theta^2}{2(U + H) - \Omega^2}. \quad (5.8)$$

5. Ein System einer großen Anzahl von gravitierenden Körpern nennt man ein stationäres System, wenn die Funktion der Verteilung der gegenseitigen Abstände zwischen den Körpern, ungeachtet der Bewegung der das System bildenden Körper in praxi konstant bleibt und in diesem Sinne eine Bewegungsinvariante darstellt. Es ist klar, daß nur ein solches System stationär sein kann, dessen Gesamtenergie negativ ist.

Ist ein System stationär, so gilt

$$J^2 = \text{const}; \quad \frac{d^2 J}{dt^2} = 0.$$

Dann ergibt sich aus der Lagrange-Jacobischen Gleichung

$$U + 2H = 0.$$

Aus dieser Gleichheit und aus dem Energieintegral folgt

$$T = -H, \quad U = -2H;$$

oder, wenn wir beachten, daß $H > 0$ ist, können wir auch schreiben

$$T = |H|, \quad U = 2|H|. \tag{5.9}$$

6. Es befinde sich ein materielles System S zu einem gewissen Zeitpunkt t_0 in einem Zustand (A), in welchem es eine Gesamtheit von n_0 unter Einwirkung der gegenseitigen Anziehung bewegten Körpern vorstellt. Es gehe das System S zu dem Zeitpunkt $t_1 > t_0$ in einen neuen Zustand (B) über, in welchem es ein System von n_1 gravitierenden Körpern darstellt. Was den Übergang des Systems S aus dem Zustand (A) in den Zustand (B) betrifft, so werden wir nicht annehmen, derselbe werde nur infolge von Körperbewegungen unter der Einwirkung der gegenseitigen Anziehungen ausgeführt. Bei diesem Übergang kann sich die wesentliche Bedeutung auch von nichtmechanischen Erscheinungen bemerkbar machen, welche sich durch die Gesetze der Dynamik eines Systems von gravitierenden Körpern nicht ausdrücken lassen. Unter einer derartigen Fragestellung muß die Anzahl von Körpern n_0 und n_1 bzw. in den Zuständen (A) und (B) nicht gleich sein.

Bezeichnen wir nun mit

$$T_0, U_0, |H_0|, J_0^2, \Theta_0^2, \Omega_0^2$$

und

$$T_1, U_1, |H_1|, J_1^2, \Theta_1^2, \Omega_1^2$$

die Werte der Größen T, U, H, J^2, Θ^2 und Ω^2 entsprechend für die Zustände (A) und (B) (d. h. in den Zeitpunkten t_0 und t_1).

Nehmen wir an, die Bedingung

$$\left|\frac{d^2 J^2}{dt^2}\right|_{(A)} \leq 0 \tag{5.10}$$

sei bei dem Zustand (A) erfüllt; ferner stelle das System S nach dem Übergang in den Zustand (B) ein stationäres System von gravitierenden Körpern vor, welches ein so kleines Volumen einnimmt, daß

$$J_1^2 < \frac{\Theta_0^2}{2\,|H_0| - \Omega_0^2} \tag{5.11}$$

ist.

Wir wollen den Übergang des Systems S aus dem Zustand (A) in den Zustand (B) untersuchen. Aus der Lagrange-Jacobischen Gleichung (1.14) und der Bedingung (5.10) folgt:

$$U_0 + 2H_0 \leq 0;$$

aus dieser Ungleichheit und aus dem Energieintegral erhalten wir

$$-H_0 \geq T_0.$$

Wenn wir berücksichtigen, daß $H < 0$ ist, so haben wir

$$|H_0| \geq T_0,$$

und um so mehr gilt

$$2|H_0| \geq T_0.$$

Indem wir Ω^2 von der rechten und der linken Seite dieser Ungleichheit subtrahieren, erhalten wir

$$2|H_0| - \Omega_0^2 \geq T_0 - \Omega_0^2.$$

Aus der Definition der Größen T_0 und Ω_0^2 ergibt sich

$$T_0 - \Omega_0^2 \geq 0,$$

und daher ist

$$2|H_0| - \Omega_0^2 > 0.$$

Dann ist aber, wenn nur $\Theta_0^2 > 0$ gilt, die Ungleichheit

$$\frac{\Theta_0^2}{2\,|H_0| - \Omega_0^2} > 0 \tag{5.12}$$

erfüllt. Die Ungleichheit (5.12) zeigt, daß die Bedingung (5.11) mathematisch nicht widersprüchlich (zulässig) ist.

Wenn wir das System S im Zustand (B) betrachten, so schreiben wir die Ungleichheit (5.8) auf, indem wir berücksichtigen, daß die Bedingung

$$U_1 = 2|H_1|$$

vermöge der Stationarität des Zustandes (B) erfüllt ist. Wir erhalten dann

$$J_1^2 \geq \frac{\Theta_1^2}{2\,|H_1| - \Omega_1^2}. \tag{5.13}$$

Aus den Ungleichheiten (5.11) und (5.13) ergibt sich

$$\frac{\Theta_1^2}{2\,|H_1| - \Omega_1^2} < \frac{\Theta_0^2}{2\,|H_0| - \Omega_0^2}.$$

Dafür aber, daß diese Ungleichheit zustande kommt, muß wenigstens eine der Ungleichheiten

$$|H_1| > |H_0|, \tag{5.14}$$

$$\Theta_1^2 < \Theta_0^2, \tag{5.15}$$

$$\Omega_1^2 < \Omega_0^2 \tag{5.16}$$

erfüllt sein.

Die gewonnenen Ungleichheiten lassen selbstverständlich nicht den Charakter der beim Übergang des Systems S aus dem Zustande (A) in den Zustand (B) vorkommenden nichtmechanischen Vorgänge aufklären. Trotzdem kann man aber einige Kenntnisse über diese Vorgänge gewinnen. Man kann anzeigen, von welcher Art die mechanischen Folgeerscheinungen derjenigen physischen Phänomena sein müssen, von denen der Übergang des Systems S aus dem Zustand (A) in den Zustand (B) begleitet wird.

Wenden wir uns also den Ungleichheiten (5.14), (5.15) und (5.16) zu. Ist die Ungleichheit (5.14) beim Übergang des Systems S aus dem Zustand (A) in den Zustand (B) erfüllt, so bedeutet dies, daß der Übergang von Erscheinungen begleitet wird, bei denen eine Verringerung der mechanischen Energie des Systems stattfindet. So werden zum Beispiel, wenn das System im Zustand (A) eine Wolke von harten Teilchen darstellt, die nichtelastischen Zusammenstöße dieser Teilchen eine Verringerung der mechanischen Energie des Systems verursachen, da ein Teil der kinetischen Energie bei diesen Zusammenstößen in Wärme übergeht.

Ist aber die Ungleichheit (5.15) erfüllt, so bedeutet dies, daß der Übergang aus dem Zustand (A) in den Zustand (B) von Erscheinungen begleitet wird, bei denen das Moment der Bahnbewegungsgröße der das System S im Zustand (A) bildenden Körper in das Moment der axialen Drehung derjenigen Körper übergeht, die das System S im Zustand (B) bilden. Ein derartiger Übergang des orbitalen Momentes in das axiale Moment ist entweder infolge der gegenseitigen Zusammenstöße der Körper oder bei der Vereinigung vieler Körper zu einem größeren Körper möglich.

Uns bleibt übrig, den Fall zu betrachten, wo die Ungleichheit (5.16) erfüllt ist. Wenn sämtliche Bahnen in einem System von n Körpern Kreisbahnen wären, so wäre $\Omega^2 = 0$. Je größer die Abweichungen der Bahnkurven von der Kreisform, d. h. je größer die Radialgeschwindigkeiten r' sind, um so größer wird der Ω^2-Wert sein. Demnach kann man Ω^2 als ein Maß der Abweichung der tatsächlichen Bahnkurven von den Kreisbahnen auffassen. Dann besagt die Erfüllung der Ungleichheit (5.16), daß der Übergang des Systems S aus dem Zustand (A) in den Zustand (B) von einer Abrundung der Bahnkurven, d. h. von einer solchen Änderung der Bahnkurvenform begleitet wird, bei welcher dieselben sich den Kreisbahnen nähern. Diese Erscheinung kann infolge von Wechselwirkungen und Zerstückelungen der Körper bei den Zusammenstößen oder bei der Vereinigung vieler Körper zu einem größeren Körper entstehen.

Es ist selbverständlich, daß man einen solchen Zusammenhang der Erscheinungen, bei welchem alle drei Ungleichheiten (5.14), (5.15) und (5.16) nach dem Übergang des Systems S aus dem Zustand (A) in den Zustand (B) erfüllt sein werden, nicht für ausgeschlossen halten kann.

Die Analyse der in Betracht kommenden Frage durch die Methoden der Himmelsmechanik gestattet nicht, konkretere Ergebnisse zu gewinnen. Dazu sind die kosmogonischen Untersuchungen nötig. Jedoch kann man die gute Übereinstimmung unserer Schlußfolgerungen und der Tatsachen der gegenwärtigen Planetenkosmogonie hervorheben. Die Untersuchungen von O. J. Schmidt, die durch die Arbeiten von L. E. Gurewitsch, A. I. Lebedinski und anderen Gelehrten späterhin bestätigt wurden, haben gezeigt, daß die Bildung des Planetensystems aus dem um die Sonne rotierenden zerstreuten Stoffe von Verwandlungen der kinetischen Energie dieses Stoffes in Wärmeenergie und ebenfalls von einer Vereinigung des zerstreuten Stoffes zu großen Körpern (Planeten) sowie von einer Abrundung ihrer Partikelbahnkurven begleitet worden war. Als maßgebend hat sich der Vorgang der Verwandlung mechanischer Energie in nichtmechanische Formen erwiesen, wobei die zwei anderen Vorgänge aber als deren Folge resultieren.

ANHANG AUS DEM WERK VON H. F. CHILMI:

DAS n-KÖRPERPROBLEM IN DER HIMMELSMECHANIK UND KOSMOGONIE, 1951

I. Ein Satz über oszillierende Potentialfunktionen

Jetzt wollen wir einen allgemeinen Satz über die Bewegung von n gravitierenden Körpern beweisen, welcher vom Verfasser herrührt.

Es sei $U(t)$ eine Potentialfunktion des in Betracht kommenden Systems von gravitierenden Punkten. Wir werden die Potentialfunktion $U(t)$ oszillierend für $t \to +\infty$ nennen, wenn es eine solche Zahl $Q > 0$ gibt, daß sich die Zeitpunkte $t' > I$ und $t'' > T$ bei einem beliebig kleinen $\varepsilon > 0$ und bei einem beliebig großen $T > 0$ angeben lassen von der Art, daß

$$|U(t') + 2H| < \varepsilon,$$

$$|U(t'') + 2H| > Q - \varepsilon$$

ist. Analog wird der Begriff von einer bei $t \to -\infty$ oszillierenden Potentialfunktion definiert.

Satz A 1.1. *Eine jede Stelle $p \in \Xi^+ (p \in \Xi^-)$, mit Ausnahme vielleicht einer Menge vom Maß Null, wird eine Anfangsstelle einer Bewegung sein, welche entweder bei $t \to +\infty (t \to -\infty)$ instabil, oder so beschaffen ist, daß die Potentialfunktion $U(t)$ bei $t \to +\infty (t \to -\infty)$ oszilliert.*

Wir werden uns auf den Beweis des Satzes für $t \to +\infty$ beschränken.

Vorerst wollen wir beweisen, wenn eine Bewegung von n Körpern stabil ist, sich ein Zeitpunkt $t' > T$ von der Art herausfinden läßt, daß

$$|U(t') + 2H| < \varepsilon \tag{A 1.1}$$

ist, von welcher Art auch die positiven Zahlen ε und I sein mögen. Indem wir diese Behauptung a contrario beweisen, setzen wir voraus, daß sich ein $\tau > 0$ von der Art angeben läßt, daß die Ungleichheit (A 1.1) bei keinem $t > \tau$ erfüllt ist. Dann wird eine der Ungleichheiten

$$|U(t) + 2H| \geq \varepsilon, \tag{A 1.2}$$

$$U(t) + 2H \leq -\varepsilon \tag{A 1.3}$$

bei allen $t > \tau$ erfüllt sein. Wenn wir die Lagrange-Jacobische Gleichung (1.18) nach der Zeit zwischen den Grenzen von τ bis t zweimal integrieren, so erhalten wir

$$I^2(t) = I^2(\tau) + I^{2\prime}(\tau)(t - \tau) + 2M \int_\tau^t \int_\tau^t (U + 2H) dt\, dt. \tag{A 1.4}$$

Ist die Ungleichheit (A 1.2) erfüllt, so ergibt sich daraus und aus der Gleichung (A 1.4):

$$I^2(t) \geq I^2(\tau) + I^{2\prime}(\tau)(t-\tau) + M\varepsilon(t-\tau)^2;$$

dann geht aber $I^2(t) \to \infty$ bei $t \to +\infty$, und folglich wächst wenigstens einer der Abstände r_{ij} unbeschränkt an, was der Stabilität der Bewegung widerspricht. Ist die Ungleichheit (A 1.3) erfüllt, so ergibt sich daraus und aus der Gleichheit (A 1.4):

$$I^2(t) \leq I^2(\tau) + I^{2\prime}(\tau)(t-\tau) - M\varepsilon(t-\tau)^2. \qquad \text{(A 1.5)}$$

Die rechte Seite dieser Ungleichheit strebt nach $-\infty$ bei $t \to +\infty$, und bei einem gewissen $t = t_1$ wird sie Null. Dies aber widerspricht der Tatsache, daß die Bewegung dem regulären Kern Ξ angehört.

Bezeichnen wir nun mit Ω eine Menge von sämtlichen Stellen $p \in \Xi^+$, welche die Anfangsstellen der bei $t \to +\infty$ stabilen Bewegung sind. Der Satz wird bewiesen sein, wenn wir nachgewiesen haben, daß alle Stellen $p \in \Omega$, mit Ausnahme vielleicht einer Menge vom Maß Null, die Anfangsstellen der Bewegungen mit oszillierender Potentialfunktion sind.

Es bedeutet Λ eine Menge von sämtlichen Stellen $p \in \Omega$, für welche $U(f(p, t))$ auf der Menge $t \geq 0$ beschränkt ist, wobei aber $|U(f(p, t)) + 2H|$ nicht identisch gleich Null ist. Mit Λ' wollen wir eine Menge von allen Stellen $p \in \Omega$ bezeichnen, für welche $U(f(p, t))$ auf der Menge $t \geq 0$ nach oben nicht beschränkt ist. Schließlich bezeichnen wir mit Λ'' eine Menge von allen Stellen $p \in \Omega$, für welche $|U(f(p, t)) + 2H| = 0$ bei allen $t \geq 0$ ist. Es ist offenbar, daß $\Omega = \Lambda \cup \Lambda' \cup \Lambda''$ ist.

Die Menge Λ'' stellt eine Vielfachheit vor, deren Dimensionszahl kleiner als die Dimension des Phasenraumes ist; demnach ist

$$\text{mes}\, \Lambda'' = 0,$$

und wir brauchen weiter kein Interesse für diese Menge zu zeigen.

Wir wollen nun beweisen, daß eine jede Stelle $p \in \Lambda'$ eine Anfangsstelle der Bewegung mit oszillierender Potentialfunktion ist. In der Tat, es sei $\varepsilon > 0$ im übrigen willkürlich, und $I > 0$ sei beliebig groß. Mit Rücksicht auf die oben bewiesene Eigenschaft einer jeden stabilen Bewegung läßt sich ein $t' > I$ herausfinden von der Art, daß

$$|U(f(p, t')) + 2H| < \varepsilon$$

ist. Andererseits läßt sich ein $t'' > T$ kraft der Unbeschränktheit der Funktion $U(f(p, t))$ auf der Menge $t \geq 0$ herausfinden von der Art, daß

$$|U(f(p, t'')) + 2H| > Q - \varepsilon,$$

von welcher Art auch $Q > 0$ sein mag. $U(f(p, t))$ oszilliert also, und der eben formulierte Lehrsatz ist bewiesen.

Wir wollen nunmehr beweisen, daß alle Stellen der Menge Λ, mit Ausnahme vielleicht einer Menge vom Maß Null, die Anfangsstellen der Bewegung mit oszillierender Potentialfunktion sind. Für jede Stelle $p \in \Lambda$ gibt es einen Zeitpunkt t_0 von der Art, daß $|U(f(p, t_0)) + 2H| > 0$ ist. Ohne die Allgemeinheit der Betrachtungen zu beschränken, dürfen wir $t_0 = 0$ setzen. Nehmen wir nun $Q = |U(f(p, t_0)) + 2H|$ an und sei

$$R_1, R_2, \ldots, R_n, \ldots$$

eine monotone Folge der unbeschränkt zunehmenden positiven Zahlen. Wir bezeichnen mit Λ_n eine Menge aller $p \in \Lambda$, für welche bei allen $t \geq 0$ gilt

$$\frac{1}{R_n} \leq U(f(p, t)) \leq R_n. \tag{A 1.6}$$

Es ist klar, daß eine jede Stelle $p \in \Lambda$ mindestens einer von diesen Mengen angehört. Wir wollen nun zeigen, daß jede der Mengen Λ_n abgeschlossen und folglich meßbar ist. Zunächst bemerken wir, daß aus der Ungleichheit $U(f(p, t)) \leq R_n$ folgt, daß die Ungleichheit

$$r_{ij} > 0$$

für alle Abstände erfüllt ist, d. h. die Stelle $f(p, t) \in E^{6n} \setminus \Gamma$ bei sämtlichen $t \geq 0$. Die Abstände r_{ij} sind stetige Funktionen der Koordinaten des Phasenraumes, und da auf der Menge $E^{6n} \setminus \Gamma$ $r_{ij} > 0$ ist, so wird U eine stetige Funktion der Phasenraumstelle auf dieser Menge sein. Es sei p^* eine Limesstelle für Λ_n. Indem wir die Abgeschlossenheit der Menge Λ_n a contrario beweisen, nehmen wir an, daß

$$p^* \notin \Lambda_n.$$

Dann läßt sich ein Zeitpunkt $\tau > 0$ herausfinden von der Art, daß eine von zwei Ungleichheiten erfüllt sein wird, nämlich

$$U(f(p^*, \tau)) > R_n \tag{A 1.7}$$

oder

$$\frac{1}{R_n} > U(f(p^*, \tau)). \tag{A 1.8}$$

Wir wollen nun den Fall betrachten, wo die Ungleichheit (A 1.7) erfüllt ist. Bezeichnen wir mit B_n eine Menge von allen die Bedingung

$$U(p) > R_n \tag{A 1.9}$$

befriedigenden Stellen $p \in E^{6n} \setminus \Gamma$; da $U(p)$ eine auf der offenen Menge $E^{6n} \setminus \Gamma$ vorgeschriebene stetige Funktion ist, so ist die Menge B_n infolge der Hauptsätze der Funktionentheorie eine offene Menge. Aus der Ungleichheit (A 1.7) ergibt sich daß

$$f(p^*, \tau) \in B_n.$$

Aus den Grundeigenschaften der offenen Mengen geht nun hervor, daß sich ein $\eta > 0$ wählen läßt von der Art, daß

$$S(f(p^*, \tau), \eta) \subset B_n. \tag{A 1.10}$$

Infolge der stetigen Abhängigkeit der Phasenbewegungen von der Anfangsstelle läßt sich ein so kleines $\delta > 0$ auswählen, daß

$$f(S(p^*, \delta), \tau) \subset S(f(p^*, \tau), \eta) \subset B_n. \tag{A 1.11}$$

Die Stelle p^* ist eine Limesstelle für Λ_n; daher läßt sich eine Stelle $p' \in \Lambda_n$ herausfinden von der Art, daß

$$p' \in S(p^*, \delta);$$

dann hat man aber nach (A 1.11)

$$f(p', \tau) \in B_n,$$

d. h., es ist

$$U(f(p', \tau)) > R_n;$$

dies aber bedeutet, daß

$$p' \notin \Lambda_n,$$

was zum Widerspruch führt. Der Beweis wird analog durchgeführt, falls die Ungleichheit (A 1.8) anstatt der Ungleichheit (A 1.7) erfüllt ist.

Es sei

$$Q_1, Q_2, \ldots, Q_n, \ldots$$

eine monotone Folge der unendlich zunehmenden positiven Zahlen. Wir wollen mit Λ_{nm} eine Menge von allen Stellen $p \in \Lambda_n$ bezeichnen, für welche die Ungleichheiten

$$|x_i| < Q_m, \quad |y_i| < Q_m, \quad |z_i| < Q_m \quad (i = 1, 2, \ldots, n) \tag{A 1.12}$$

bei allen $t \geq 0$ erfüllt sind. Da die Bewegung $f(p, t)$ für eine jede Stelle $p \in \Lambda_n$ stabil ist, so gehört eine jede Stelle der Menge Λ_n wenigstens einer der Mengen Λ_{nm} $(m = 1, 2, \ldots)$ an. Es ist augenscheinlich, daß

$$\Lambda = \bigcup_{nm} \Lambda_{nm} \tag{A 1.13}$$

ist, wobei jede von den Mengen Λ_{nm} meßbar ist. Wir wollen nun zeigen, daß jede der Mengen Λ_{nm} überdies beschränkt ist. Die Beschränktheit der Koordinaten x_i, y_i, z_i ergibt sich aus (A 1.12). Die Beschränktheit der Geschwindigkeiten folgt aus dem Energieintegral und aus der Bedingung (A 1.7). Es ist in der Tat

$$\frac{1}{2} \sum_{i=1}^{n} m_i (x_i'^2 + y_i'^2 + z_i'^2) = U + H;$$

nach der Ungleichheit (A 1.6) bei $H < 0$ erhalten wir daraus

$$\frac{1}{2} \sum_{i=1}^{n} m_i (x_i'^2 + y_i'^2 + z_i'^2) \leq R_n + H < R_n.$$

Aus dieser Ungleichheit aber folgt die Beschränktheit von x_i', y_i', z_i' unmittelbar.

Ist aber jede der Mengen Λ_{nm} beschränkt, so ist

$$\text{mes } \Lambda_{nm} < \infty. \tag{A 1.14}$$

Falls $\text{mes } \Lambda_{nm} = 0$ bei sämtlichen Werten von n und m ist, so ist

$$\text{mes } \Lambda = 0,$$

and der Satz ist somit bewiesen.

Es bleibt uns übrig, den Fall zu betrachten, wo es unter den Mengen Λ_{nm} auch Mengen vom positiven Maß gibt. Es sei $\Lambda_{\nu\mu}$ eine beliebige dieser Mengen. Wir wollen beweisen, daß sämtliche Stellen der Menge $\Lambda_{\nu\mu}$, mit Ausnahme vielleicht einer Menge vom Maß Null, die Anfangsstellen der Bewegungen mit oszillierender Potentialfunktion sind. Aus der Ungleichheit (A 1.14) und einem vorhergehenden Lehrsatz folgt, daß alle Stellen von $\Lambda_{\nu\mu}$, mit Ausnahme vielleicht einer Menge vom Maß Null, Rücktreffstellen sind. Wir wollen nun beweisen, daß, wenn p eine Rücktreffstelle ist, die Potentialfunktion $U(f(p, t))$ für die Bewegung $f(p, t)$ oszillierend sein wird. In der Tat: Es seien ε und T willkürliche positive Zahlen. Aus den oben bewiesenen Eigenschaften der stabilen Bewegungen wissen wir, daß sich ein $t' > T$ finden läßt von der Art, daß

$$|U(t') + 2H| < \varepsilon \quad \text{ist.}$$

Die Potentialfunktion U ist eine stetige Funktion der Phasenkoordinaten auf der offenen Menge $E^{6n} \setminus \Gamma$. Dann aber wird auch die Funktion $|U + 2H|$ auf dieser Menge stetig sein. Daher läßt sich ein solch kleines $\delta > 0$ (abhängig von p und ε) wählen, daß

$$||U(q) + 2H| - |U(p) + 2H|| < \varepsilon$$

jedesmal, wenn

$$\varrho(p, q) < \delta$$

ist. Da aber die Stelle p und die Bewegung $f(p, t)$ rekurrent sind, so läßt sich ein $t'' > T$ angeben von der Art, daß

$$\varrho(f(p, t''), p) < \delta$$

ist, und dann hat man

$$||U(f(p, t'')) + 2H| - |U(p) + 2H|| < \varepsilon$$

oder, was dasselbe ist,

$$||U(t'') + 2H| - |U(t = 0) + 2H|| < \varepsilon,$$

$$||U(t'') + 2H| - Q| < \varepsilon,$$

woher sich sofort ergibt, daß

$$|U(t'') + 2H| > Q - \varepsilon$$

ist.

Wir sehen nun, daß die Menge der den Bewegungen mit oszillierender Potentialfunktion entsprechenden Stellen in jeder Menge $\Lambda_{\nu\mu}$ dieselbe vom vollen Maß ist. Aus der Gesamtheit aller gewonnenen Ergebnisse folgt nun die Gültigkeit des zu beweisenden Satzes.

II. Das Beispiel von O. J. Schmidt für den Einfang im Dreikörperproblem

1. Die in diesem Kapitel betrachteten Lehrsätze widersprechen der Möglichkeit einer Gravitationsvereinigung der Körper bei einer vollständig hyperbolischen Annäherung derselben nicht und gestatten die notwendigen Bedingungen für die Realisierbarkeit der letzteren festzustellen. Mehr als das, mit Hilfe der bewiesenen Sätze lassen sich auch die hauptsächlich charakteristischen Züge der Erscheinung entdecken, nämlich den in diesen Fällen unvermeidlichen Energieaustausch bei einer Körperannäherung, welcher die Vereinigung eines gewissen Anteils der Körper in stabile Untersysteme hervorruft und die verstärkte Dissipation einiger Teile des Systems bezüglich der anderen hervorbringt.

Obgleich diese Lehrsätze freilich keine unmittelbare Antwort über die tatsächliche Möglichkeit der Gravitationsvereinigung geben, gestatten sie jedoch in Verbindung mit der numerischen Integration der Bewegungsgleichungen, die Beispiele für die Realisierung dieser Erscheinungen zu konstruieren und wesentliche allgemeingültige Schlüsse — wenigstens in einigen wichtigen Spezialfällen — zu ziehen.

Wir wollen nun diese Frage für das klassische Dreikörperproblem betrachten. In diesem Fall fällt dieselbe mit der bekannten Frage über die Einfangsmöglichkeit bei der Bewegung von drei gravitierenden Körpern zusammen.

Wir wiesen in der Einleitung darauf hin, daß die Überzeugung über die Unmöglichkeit desselben in diesem Fall in der wissenschaftlichen Literatur verbreitet war. Diese falsche Vorstellung wurde von O. J. Schmidt[1]) 1947 erstmals widerlegt. O. J. Schmidt hatte für drei sich gegenseitig anziehende Körper derartige Anfangsbedingungen passend ausgewählt, unter denen sich ein Einfang verwirklicht hatte. Die Bewegung von drei Körpern wurde durch die numerische Integration der Gleichungen des Problems untersucht und auf einem endlichen, aber hinreichend großen Zeitintervall genau verfolgt. Die weitere Analyse des Beispiels von O. J. Schmidt mit Hilfe der vom Verfasser gefundenen allgemeinen Lehrsätze hatte gezeigt, daß der Einfang in diesem Beispiel auch bei der Betrachtung der Bewegung auf der ganzen Zeitachse von $t = -\infty$ bis zu $t = +\infty$ verwirklicht wird.

Weiter unten gaben wir die eingehende Darlegung dieser Analyse. Wir wollen aber vorläufig eine vereinfachte und unstrenge Behandlung des Problems betrachten, welche immerhin die physikalische Seite der Frage anschaulich erfassen läßt.

Betrachten wir zunächst die relative Bewegung von zwei sich gegenseitig anziehenden Körpern P_0 und P_1 mit den Massen m_0 und m_1 und stellen wir uns als erste Aufgabe, durch allgemeinbekannte Methoden zu untersuchen, auf welche

[1]) O. J. Schmidt, Über die Einfangsmöglichkeit in der Himmelsmechanik, Vorträge d. Akad. d. Wiss. UdSSR *58*, Nr. 2., (1947).

Weise sich die Geschwindigkeit des Körpers P_1 unter der Anziehungseinwirkung von seiten des Körpers P_0 ändern wird, falls die Relativgeschwindigkeit dieser Körper eine hyperbolische ist.

Der Körper P_1 wird relativ zu P_0 einen Hyperbelzweig beschreiben. Wir bringen nun die Koordinatenebene zum Zusammenfallen mit derjenigen dieser Hyperbel, die x-Achse aber richten wir nach der reellen Achse der Hyperbel aus (Abb. 1). Es sei ψ die Neigung der Asymptote zur x-Achse. Die Geschwindigkeit des Körpers P_1 im Unendlichen bezeichnen wir mit v; dem Absolutbetrag nach ist diese in beiden Teilen der Hyperbel, dem oberen und dem unteren (Abb. 1), die gleiche, sie bildet aber in einem Fall mit der x-Achse den Winkel $180^0 - \psi$, im andern jedoch den Winkel, der gleich ψ ist. Den absoluten Wert der geometrischen Differenz der Vektoren dieser beiden Geschwindigkeiten bezeichnen wir mit Δv. In Anbetracht der Symmetrie ist dieser Vektor nach der x-Achse gerichtet. Daher haben wir

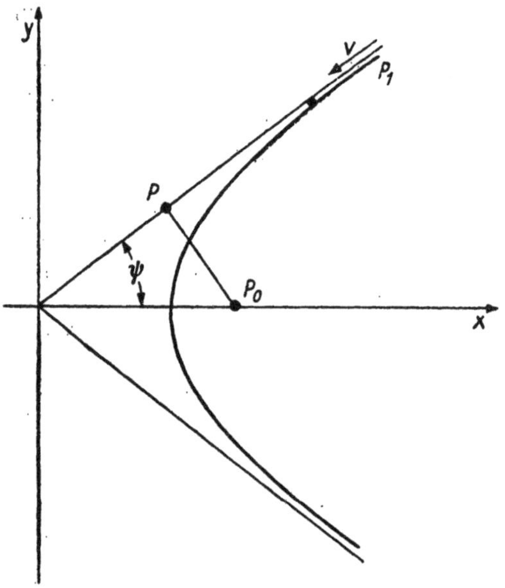

Abb. 1

$$v^2 - 2v \cdot \Delta v \cos \psi + (\Delta v)^2 = v^2,$$

womit

$$\Delta v = 2v \cos \psi \tag{A 2.1}$$

ist. Der „Zielabstand“ p, d. h. die Länge des vom Brennpunkt auf die Asymptote gefällten Lotes, ist, wie es aus der analytischen Geometrie bekannt ist, dem Abstand b von der imaginären Halbachse gleich. Aus der Abb. 1 ist ersichtlich, daß

$$b = ae \sin \psi \tag{A 2.2}$$

ist, worin a die Länge der reellen Halbachse ist und e die Exzentrizität der Hyperbel bedeutet. Andererseits ist nun

$$b = a\sqrt{e^2 - 1}\,; \tag{A 2.3}$$

dann ist aber aus (A 2.2) und aus (A 2.3) leicht herzuleiten, daß

$$\cos \psi = \frac{1}{e} \tag{A 2.4}$$

ist. Es bleibt nun e zu finden übrig. Dazu benutzen wir das Moment der Bewegungsgröße des Körpers P_1 in bezug auf P_0. Das spezifische (d. h. das auf die Masseneinheit bezogene) Moment des P_1 ist bekanntlich gleich

$$\sqrt{m_0 + m_1} \cdot \sqrt{a(e^2 - 1)}.$$

Andererseits ist es dem Produkt der Geschwindigkeit im Unendlichen v mit der Länge des Zielabstandes $p = b$ gleich, d. h., es ist gleich bv. Folglich haben wir die Gleichheit

$$\sqrt{m_0 + m_1} \cdot \sqrt{a(e^2 - 1)} = bv.$$

Indem wir diese in die vierte Potenz erheben und a durch b ausdrücken, bekommen wir

$$(m_0 + m_1)^2 (e^2 - 1) = b^2 v^4$$

und

$$e = \sqrt{1 + \frac{b^2 v^4}{(m_0 + m_1)^2}}.$$

Setzen wir diesen e-Wert in (A 2.4) ein, so bekommen wir

$$\cos \psi = \frac{1}{\sqrt{1 + \frac{b^2 v^4}{(m_0 + m_1)^2}}};$$

dann aber, indem wir den eben gefundenen $\cos \psi$-Wert in (A 2.1) einsetzen, finden wir, daß die Änderung der Geschwindigkeit des Körpers P_1 gleich

$$\Delta v = \frac{2v}{\sqrt{1 + \frac{b^2 v^4}{(m_0 + m_1)^2}}} \tag{A 2.5}$$

ist. Die Änderung der Geschwindigkeit des Körpers P_0 wird dieselbe der absoluten Größe nach nur entgegengesetzt der Richtung sein.

Betrachten wir nun die drei Körper P_0, P_1 und P_2. Wir nehmen an, daß sie mit hyperbolischen Relativgeschwindigkeiten sich einander nähern und zur Epoche der größten Annäherung die Körper P_1 und P_2 sehr nah aneinander gelegen sind, der Körper P_0 aber verhältnismäßig weit davon entfernt bleibt. Dann dürfen wir in einer groben Approximation den Gravitationseinfluß des Körpers P_0 vernachlässigen und die Änderung der Geschwindigkeiten von P_1 und P_2 nach der Formel (A 2.5) berechnen. Bei entsprechenden v- und p-Werten können sich die Änderungen der Geschwindigkeiten als beträchtlich erweisen. Die Geschwindigkeit eines der Körper, z. B. des P_1, kann sich verringern und relativ zu P_0 eine elliptische werden. Die Geschwindigkeit von P_2 wird sich dann in entgegengesetzter Richtung verändert haben; diese nimmt zu und bleibt relativ zu P_0 hyperbolisch. In diesem Fall verwirklicht sich ein Einfang in einer in der Astronomie üblichen Auffassung dieser Erscheinung.

Wir wollen nunmehr den anderen Fall betrachten. Es mögen zwei Körper P_0 und P_1 sich relativ zueinander mit elliptischen Geschwindigkeiten bewegen, der dritte Körper aber gehe nun mit der hyperbolischen Geschwindigkeit (relativ zu P_0 und zu P_1) hinreichend nah neben P_1 vorbei.

Dies ruft eine Änderung der Geschwindigkeit von P_1 hervor. Es kann geschehen, daß die Geschwindigkeit von P_1 aus einer elliptischen relativ zu P_0 in eine hyperbolische übergeht; die Geschwindigkeit von P_2 aber wird sich verringern, doch bleibt sie hyperbolisch relativ zu P_0 und zu P_1 zurück. Dann kommt ein Entweichen vor — die dem Einfang entgegengesetzte Erscheinung.

Der angenäherte Charakter unserer Berechnungen vermag nicht die tatsächliche Verwirklichung eines Einfangs oder eines Entweichens zu gewähren. Derartige Berechnungen können aber als gute Aufklärung zur Auswahl der Anfangsbedingungen dienen, unter denen man auf die Verwirklichung eines Einfangs oder eines Entweichens hoffen kann. Wählt man auf solche Weise die Anfangsbedingungen und erforscht man durch diese oder jene Methode, von welcher Art die Bewegung der Körper unter diesen Anfangsbedingungen sein wird, so kann man eine strenge Beantwortung der Frage über die Möglichkeit einer Erscheinung und sogar eine gewisse Vorstellung über die Wahrscheinlichkeit derselben gewinnen. Von solcher Art war gerade in ihrer Grundlage die Idee der Auswahl der Anfangsbedingungen in einem von O. J. Schmidt gefundenen Beispiel. Zur Darlegung und Analyse dieses Beispiels gehen wir nun über.

2. Bei der Untersuchung eines Einfangs im Dreikörperproblem ging O. J. Schmidt von einer Auffassung der Einfangserscheinung aus, deren genauer Inhalt durch folgende Definition ausgedrückt werden kann.

Definition. Es seien P_0, P_1, P_2 drei sich gegenseitig anziehende Körper mit den Massen m_0, m_1, m_2; es mögen R_1 und $R_2 < R_1$ zwei positive Zahlen sein, welche wir die Einfangsparameter nennen wollen. Wir werden sagen, daß die Einfangserscheinung zwischen den Körpern P_0 und P_1 in dem Zeitintervall $[t_1, t_2]$ verwirklicht wurde, falls im Zeitpunkt $t = t_1$

$$r_{01} > R_1, \quad r_{02} > R_1, \quad r_{12} > R_1$$

ist und alle drei Relativgeschwindigkeiten hyperbolisch sind, im Zeitpunkt $t = t_2$ aber

$$r_{01} < R_2, \quad r_{12} > R_1, \quad r_{02} > R_1,$$

die Relativgeschwindigkeiten von P_0 und P_1 elliptisch, dieselben von P_2 relativ zu P_1 dagegen hyperbolisch sind.

Die Einfangsparameter haben eine bestimmte astronomische Bedeutung: R_1 ist der mittlere Abstand zwischen den Sternen in einem gegebenen hinreichend großen (im statistischen Sinne) Teil der Galaxis, R_2 aber ist derjenige Abstand zwischen den Sternen, bei welchem dieselben für den vorgegebenen R_1-Wert als ein Doppelsternsystem anzusehen sind, falls deren Relativgeschwindigkeit elliptisch ist.

Die Möglichkeit eines Einfanges — wie darauf schon oben hingewiesen war — wurde von O. J. Schmidt bewiesen, indem er die Anfangsbedingungen passend ausgewählt hatte, unter denen derselbe verwirklicht wird.

O. J. Schmidt betrachtete die komplanare Bewegung von drei Körpern mit gleichen Massen, welche der als Einheit genommenen Masse der Sonne gleich sind. Als die Abstandseinheit diente die astronomische Längeneinheit und als die Zeiteinheit das durch 2π dividierte Erdjahr. Der Punkt P_0 wurde als unbeweglich aufgefaßt, die Koordinaten x_1, y_1 des Punktes P_1 und x_2, y_2 des Punktes P_2 wurden in bezug auf die Achsen mit den Zentrum in P_0 gewählt. Die Anfangsangaben waren im Zeitpunkt $t = 0$ folgendermaßen: Eine Ellipse mit der großen Halbachse gleich 200 AE und mit der Exzentrizität 1/2 sei die ungestörte Bahn des Punktes P_1 unter der Anziehungseinwirkung von P_0; die ungestörte Bahn des Punktes P_2 sei demgegenüber eine Hyperbel. In diesem Fall wurde die Bewegung der drei Körper vom Zeitpunkt $t = -129764$ an bis $t = +8000$ durch

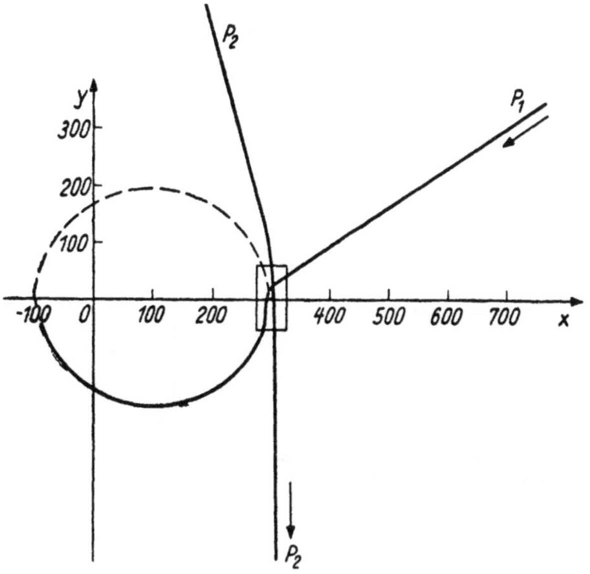

Abb. 2

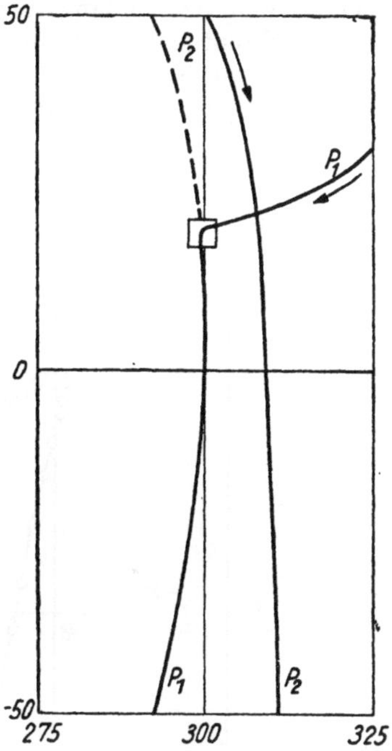

Abb. 3

numerische Integration der Gleichungen des Dreikörperproblems untersucht. Die vorläufigen Ausrechnungen wurden von O. J. Schmidt persönlich unternommen, die genauen und ausführlichen Ausrechnungen aber wurden danach im Geophysikalischen Institut der Akademie der Wissenschaften der UdSSR unter Leitung von N. N. Parijski durchgeführt. Die Anfangslagen und -geschwindigkeiten der Körper P_1 und P_2 sowie ihre Lagen und Geschwindigkeiten für die äußersten Zeitpunkte sind in der Tabelle 1 zusammengefaßt und die Bahnkurven der Körper in der Nähe des Einfangsmomentes sind in Abb. 2, 3 und 4 dargestellt, wobei die in Abb. 2 und 3 mit Rechteck umzogenen Gebiete bzw. auf Abb. 3 und 4 im größeren Maßstab dargestellt sind.

Die Angaben in der Tabelle 1 benutzend, ist es leicht festzustellen, daß der Einfang im Sinne von O. J. Schmidt in dem in Betracht kommenden Fall verwirklicht wird. Aus dem Vorhandensein wenigstens eines Beispieles für die Ver-

Tabelle 1

t	x_1	x_1'	y_1	y_1'	x_2	x_2'	y_2	y_2'
8000	141.10	+0.08593	169.81	−0.01627	321.50	+0.05388	−8490.59	−0.9327
0	291.50	−0.01950	−49.956	−0.05608	320.0	0.000	−1200.000	−0.9549
−129764	17004	−0.1283	10975	−0.0843	−28636	0.2261	116430	−0.9053

wirklichung des Einfangs und aus den allgemeinen Eigenschaften der Lösungen von Differentialgleichungen folgt, wie es in der Arbeit von O. J. Schmidt nachgewiesen wurde, daß die Menge der zu einem derartigen Einfang führenden Anfangsbedingungen keine Menge vom Maß Null sein kann.

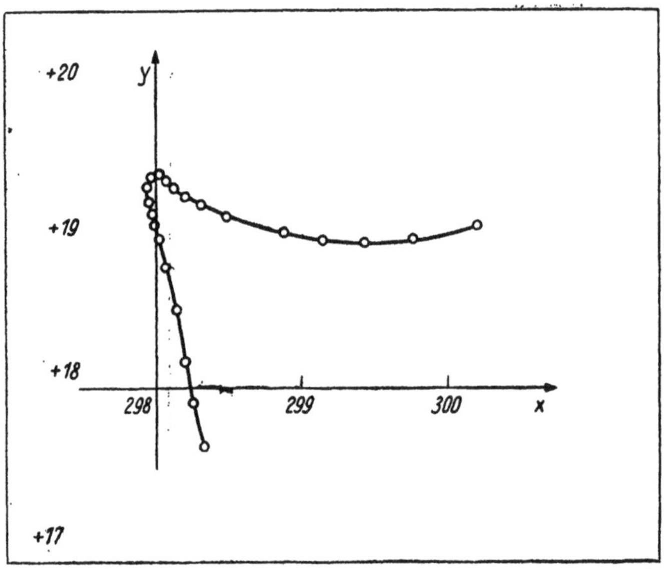

Abb. 4

Geht man von der in der Himmelsmechanik üblichen Auffassung der Erscheinung eines Einfangs aus, so kann man zeigen, daß derselbe bei den von O. J. Schmidt angegebenen Anfangsdaten ebenfalls verwirklicht wird.

Die gewöhnliche Auffassung eines Einfangs wird durch die folgende Definition ausgedrückt.

Definition. Es seien P_0, P_1 und P_2 drei unter der Einwirkung von gegenseitigen Anziehungen sich bewegende Körper. Wir werden sagen, daß die Erscheinung eines Einfangs zwischen den Körpern P_0 und P_1 stattfindet, falls

$$r_{01} \to \infty \quad \text{bei} \quad t \to -\infty$$

und wenn sich eine positive Zahl R und ein solcher Zeitpunkt T angeben lassen, daß

$$r_{01} < R \quad \text{bei sämtlichen} \quad t > T$$

ist. Wir wollen uns nun den Angaben der Tabelle 1 zuwenden und klarstellen, von welcher Art die Bewegung der Körper bis zum Zeitpunkt $t = -129764$ war und von welcher Art dieselbe nach dem Zeitpunkt $t = +8000$ sein wird.

Zunächst finden wir für den Zeitpunkt $t = 0$ nach den Angaben der Tabelle 1, daß die Konstante des Energieintegrales

$$H = 0.2822$$

ist. Danach wollen wir zeigen, daß sämtliche Abstände zwischen den Körpern P_0, P_1 und P_2 bei $t \to -\infty$ unbeschränkt zunehmen. Aus dem für die in entgegengesetzter Richtung sich ändernde Zeit umformulierten und auf den Dreikörperfall angewandten Satz (3.3) folgt, daß dies stattfindet, falls die Ungleichheiten

$$\sigma > 0, \ \sigma^2 > \frac{8M^*}{\varrho} \tag{A2.6}$$

in dem Zeitpunkt $t = -129764$ (als anfänglich angenommen) erfüllt sind. Führen wir die Berechnungen nach den Angaben der dritten Zeile der Tabelle 1 aus und berücksichtigen wir, daß im betrachteten Fall $M^* = 6$ ist, so finden wir, daß bei $t = -129764$

$$\sigma = 0.1535, \ \sigma^2 = 0.0236, \ \frac{8M^*}{\varrho} = 0.0004$$

ist. Aus diesen Angaben erkennen wir, daß die Bedingungen (A2.6) tatsächlich erfüllt sind.

Nunmehr wollen wir zeigen, daß der Körper P_2 sich bei $t \to +\infty$ vom Schwerpunkt der Körper P_0 und P_1 unendlich weit entfernt und daß sich eine solche positive Zahl R angeben läßt, daß

$$r_{01} < R \quad \text{bei sämtlichen} \quad t \geq 0$$

ist. Nach dem Satz (3.4) verwirklichen sich derartige Bewegungen, falls die Ungleichheiten

$$\varrho_2 > 2R, \ \varrho_2' > 0,$$

$$\frac{1}{2}\varrho_2 < r_{12}, \ \frac{1}{2}\varrho_2 < r_{02}, \tag{A2.7}$$

$$\varrho_2'^2 - \frac{8M}{\varrho_2} > \frac{2}{\mu_2} H + \frac{2m_0 m_1}{\mu_2 R}$$

für den Zeitpunkt $t = +8000$ (als anfänglich angenommen) erfüllt sind. Führen wir die Berechnungen nach den Angaben der ersten Zeile der Tabelle 1 aus, so erhalten wir, daß bei $t = +8000$

$$\varrho_2 = 8579.2\,, \quad \varrho_2' = 0.9245\,,$$

$$\frac{1}{2}\,\varrho_2 = 4290\,, \quad r_{12} = 8662, \quad r_{02} = 8497\,,$$

$$\varrho_2'^2 - \frac{8M}{\varrho_2} = 0.8519\,, \quad \frac{2}{\mu_2}\,H = 0.8466$$

ist.

Die Rechnungsergebnisse zeigen, daß die Ungleichheiten (A2.7) tatsächlich erfüllt sind. Den R-Wert darf man verschiedenartig auswählen, z. B. kann man $R = 1200$ annehmen.

Infolge der durchgeführten Analyse des Schmidtschen Beispiels kennen wir also den Charakter von Körperbewegungen für sämtliche $t < -129764$ und für alle $t > +8000$ und dürfen daher behaupten, daß gegebenenfalls die Erscheinung eines Einfangs auch bei der Betrachtung der Phänomene auf der ganzen Zeitachse von $t = -\infty$ bis $t = +\infty$ stattfindet, d. h. unter Auffassung des Einfangs im üblichen klassischen Sinn. Es ist selbstverständlich, daß diese Schlußfolgerung nur in demjenigen Fall richtig sein wird, wo die Fehler der numerischen Integration auf dem Intervall von $t = -129764$ bis $t = +8000$ dermaßen klein sind, daß die Erfüllbarkeit sämtlicher von uns oben benutzter Kriterien durch dieselben nicht beeinflußt wird. N. N. Parijski schätzt die Fehler von den anzuwendenden Größen als zwei Einheiten, die die vierte Stelle nach dem Komma nicht übersteigen, ab. Aus unseren Berechnungen ist aber zu ersehen, daß ein bedeutend größerer Fehler den Sachverhalt zu ändern vermag. Demnach dürfen wir annehmen, daß die Möglichkeit der Einfangserscheinung von uns vollständig streng festgestellt wurde.

3. Von welcher Art aber wird ein dem oben betrachteten Einfangsbeispiel entsprechendes Bild im Phasenraum sein? Der eine von den Körpern, nämlich P_0, wurde als unbeweglich angenommen; der Phasenraum wird daher der 12-dimensionale euklidische Raum mit den Koordinaten $x_1, y_1, z_1, x_1', y_1', z_1', x_2, y_2, z_2, x_2', y_2', z_2'$ sein.

Es sei E eine Menge von sämtlichen Stellen des Phasenraumes, deren Koordinaten den Bedingungen (A2.6) genügen, und $\mathfrak{E}$ eine Menge aller Stellen, deren Koordinaten die Bedingungen (A2.7) befriedigen.

Auf Grund der einfachsten Lehrsätze der Funktionentheorie, sowie aus der analytischen Form der Bedingungen (A2.6) und (A2.7) und daraus, daß die gegenseitigen Abstände r_{ij} und deren Ableitungen r_{ij}' sowie die als Funktionen von der Phasenraumstelle aufgefaßten Größen σ, ϱ_2, ϱ_2' im Phasenraum stetig sind (mit Ausschluß des Koordinatenursprungs), ergibt sich, daß die beiden Mengen E und $\mathfrak{E}$ offen sind. Der von O. J. Schmidt gefundene Fall der Bewegung von drei Körpern wird als ein Phasenbahnkurvenstück im Phasenraum dargestellt, dessen Anfangs- und Endstelle bzw. in den Mengen E und $\mathfrak{E}$ liegen; aus allgemeinen Lehrsätzen der Theorie der Differentialgleichungen über die stetige Abhängigkeit der Lösungen von einer Anfangsstelle geht aber hervor, daß es beim Vorhandensein eines die offenen Mengen E und $\mathfrak{E}$ verbindenden Bogens eine ganze Röhre von derartigen Bögen gibt, deren Anfangsstellen eine gewisse offene Untermenge G in der Menge E bilden.

Jedesmal, wenn die Bewegung von drei Körpern auf einem gewissen Zeitintervall $[t_1, t_2]$ von der Art ist, daß ein in E beginnender und in $\mathfrak{E}$ endender Bogen derselben entspricht, werden wir offenbar eine Einfangserscheinung vor uns haben. In der Tat werden in diesem Fall im Zeitpunkt t_1 die Bedingungen (A2.6) erfüllt; im Zeitpunkt t_2 werden dagegen nun die Bedingungen (A2.7) erfüllt. Jedoch sind die Bedingungen (A2.6) und (A2.7) nur hinreichend, aber nicht notwendig, daher müssen wir die Möglichkeit der Verwirklichung des Einfangs auch ohne Erfüllung dieser Bedingungen in Betracht ziehen. Der mit der Erfüllung von Bedingungen (A2.6) und (A2.7) verbundene Einfang ist nur eine Sonderform eines Einfangs, den wir einen Einfang vom Spezialtypus nennen wollen.

Die oben gewonnene offene Menge G ist ein Teil einer Menge von den zum Einfang vom Spezialtypus führenden Anfangszuständen. Bezeichnen wir mit Ω eine Menge von sämtlichen Stellen des Phasenraumes, welche die Anfangsstellen der zum Einfang im allgemeinen Sinn führenden Bewegungen sind; dann ist

$$\Omega \supset G.$$

Die Menge G — wie jede beliebige offene Menge — kann nicht ein der Null gleiches Maß haben; dann *kann aber auch Ω keine Menge vom Maß Null sein.* Diese wichtige Schlußfolgerung bedeutet nun, daß der Einfang eine Erscheinung ist, welche von kosmogonischer Bedeutung sein kann, und als eine kosmogonische Möglichkeit berücksichtigt werden muß. Die Frage darüber, ob diese Erscheinung in diesem oder jenem konkreten kosmogonischen Vorgang von Bedeutung ist, wird natürlich nicht durch allgemeine Überlegungen entschieden und kann nur durch unmittelbare Untersuchung über die Entstehung und die Entwicklung dieser oder jener kosmischen Systeme beantwortet werden.

Zum Schluß wollen wir noch das Folgende bemerken. Die von uns formulierte allgemeingültige Definition eines Einfangs fordert, daß der Abstand r_{01} zwischen den Körpern P_0 und P_1 nach dem Einfang beschränkt bleibt, doch schließen wir den Fall, wo r_{01} zu Null wird, d. h., wo ein Zusammenstoß der Körper P_0 und P_1 vorkommt, nicht aus. Meistens wird aber ein derartiger Fall in vielen Problemen ausgeschlossen. Daher ist es wichtig hervorzuheben, daß der Ausschluß eines Falles von Zusammenstößen von P_0 und P_1 unsere allgemeinen Schlußfolgerungen nicht ändert. In der Tat, aus der Theorie der Regularisation des Dreikörperproblems ergibt sich, daß die Menge von sämtlichen Stellen des Phasenraumes, welche die Anfangsstellen der zu Zusammenstößen führenden Bewegungen sind, eine Menge vom Maß Null ist. Demnach hängt das Maß aller Phasenraumstellen, welche die Anfangsstellen der zum Einfang führenden Bewegungen sind, nicht davon ab, ob wir die Körperzusammenstöße für möglich halten oder ob wir dieselben von vornherein ausschließen.

III. Die Entwicklung eines Systems von gravitierenden Körpern bei unelastischen Zusammenstößen

1. Die Frage der Entwicklung eines Systems von sehr vielen festen gravitierenden Teilchen stellt eine wichtige Aufgabe der Planetenkosmogonie dar. Insbesondere ist der Fall wichtig, wo sich der Übergang der mechanischen Energie

in die Wärme infolge gegenseitiger Zusammenstöße von Teilchen als eine bewegende Kraft der Evolution erweist. Die Lösung einer solchen Aufgabe ist für eine jede kosmogonische, das präplanetare Stadium des Sonnensystems in Form eines Schwarmes von selbständigen festen Teilchen darstellenden Hypothese notwendig, beginnend mit der Hypothese von I. KANT und mit den modernen, z. B. mit der Theorie von O. J. SCHMIDT abschließend.

Der erste Versuch zum Studium dieser Fragen wurde von H. POINCARÉ[1]) in Verbindung mit der mathematischen Analyse der Hypothese von LIGONDÈS unternommen. Seine Ergebnisse sind jedoch für die Kosmogonie nur von sehr beschränkter Bedeutung.

Das Interesse für das Problem der Evolution eines meteorischen Staubschwarmes wurde in der sowjetischen Wissenschaft in Verbindung mit kosmogonischen Untersuchungen von O. J. SCHMIDT[2]) wiederbelebt, in denen die leitende kosmogonische Bedeutung der Vorgänge vom Übergang der mechanischen Energie in nichtmechanische Formen aufgedeckt wurde. Vor kurzem erschien nun eine Abhandlung von L. E. GUREWITSCH und A. I. LEBEDINSKI[3]), worin diese Aufgabe durch Methoden der statistischen Physik gelöst wurde.

Die Erklärung dieser Frage in kosmogonischer Betrachtungsweise von O. J. SCHMIDT, L. E. GUREWITSCH und A. I. LEBEDINSKI lehnt die Notwendigkeit nicht ab, darin auch mit Hilfe von strengeren Methoden der allgemeinen Dynamik und der Himmelsmechanik fortzuschreiten.

2. Betrachten wir nun die Bewegung eines Systems einer großen Anzahl von Teilchen eines meteorischen Staubschwarms in bezug auf ein Koordinatenachsensystem, dessen Ursprung im Schwerpunkt des Teilchensystems liegt. Wir werden den Fall betrachten, wo das System bei sämtlichen $t \geq 0$ in einem bestimmten begrenzten Raumteil bleibt.

Die Möglichkeit der Erfüllung einer derartigen Beschränkung erweist sich dann als besonders wahrscheinlich, wenn der Schwarm von meteorischer Staubmaterie einen großen Körper umgibt, z. B. die Sonne oder einen Stern, welcher jenen durch seine starke Anziehung zusammenhält.

Wie klein auch die Ausmaße der Teilchen selbst im Zeitpunkt ihres Zusammenstoßes sein mögen, es sind die Abstände zwischen deren Schwerpunkten durch die linearen Teilchenausmaße nach unten beschränkt. Demnach wird die Möglichkeit von absolut großen Werten der kinetischen Energie, welche auf Kosten der potentiellen Energie resultieren, ausgeschlossen. Dies gibt uns das Recht, die Bewegungsgeschwindigkeit für beständig nach oben beschränkt zu halten.

Bei den Zusammenstößen von Teilchen geht ein Teil der kinetischen Energie in Wärme über. In Abhängigkeit von der Relativgeschwindigkeit können die Teilchen sich im Zusammenstoßzeitpunkt erhalten, aber bei kleiner Relativgeschwindigkeit können sie sich zu einem größeren Teilchen vereinigen und bei großer Relativgeschwindigkeit — sich in einige kleinere Teilchen zerstückeln. Wir werden den allgemeinsten Fall jetzt nicht betrachten. Ihm wenden wir uns

---

[1]) H. POINCARÉ, Leçons sur les hypothèses cosmogoniques, 1913, S. 93—94.

[2]) O. J. SCHMIDT, Die Entstehung der Planeten und ihrer Trabanten, Mitt. d. Akad. d. Wiss. UdSSR, phys. Reihe, *14*, Nr. 1, (1950).

[3]) L. E. GUREWITSCH und A. I. LEBEDINSKI, Über die Bildung der Planeten, Mitt. d. Akad. d. Wiss. UdSSR, phys. Reihe, *14*, Nr. 6, (1950).

später zu. Wir wollen nun den Fall von Zusammenstößen bei mäßigen Relativgeschwindigkeiten in Betracht ziehen, d. h. von solchen Zusammenstößen, nach denen nur zwei Endzustände denkbar sind: entweder Erhaltung der zusammengestoßenen Teilchen oder deren Vereinigung zu einem größeren Teilchen.

Während eines Zeitintervalls, in welchem keine Zusammenstöße zwischen den Teilchen vorkommen, geht die Bewegung derselben unter Einwirkung von Kräften der gegenseitigen Anziehung vonstatten. Daher ändern sich Koordinaten und Geschwindigkeiten aller Teilchen zwischen den Zusammenstößen stetig. Findet nun ein Zusammenstoß der Teilchen statt, der nicht zur Vereinigung führt, so werden wir die Änderung der Koordinaten in Übereinstimmung mit der klassischen Theorie des Stoßes für stetig halten, die der Geschwindigkeit aber für unstetig. Im Zeitpunkt eines Stoßes ändern sich Richtung und Größe der Geschwindigkeiten von zusammenstoßenden Teilchen momentan um einen endlichen Wert. Findet nun im Zeitpunkt des Stoßes eine Teilchenvereinigung statt, so werden wir die folgende mathematische Beschreibungsweise für diese Erscheinung benutzen. Ein durch Aggregation von zwei Teilchen entstandenes „zusammengeschlossenes Teilchen" werden wir als zwei Teilchen auffassen, die jedoch nach dem Zusammenstoß die gleichen Geschwindigkeiten besitzen, welche der Geschwindigkeit des zusammengeschlossenen Teilchens gleich sind und welche zahlenmäßig identische Koordinaten haben, die denjenigen des Schwerpunktes des zusammengeschlossenen Teilchens gleich sind. Analog werden wir in dem Fall der zur Vereinigung mehrerer Teilchen führenden vielfachen Zusammenstöße behandeln. Deshalb werden wir bei dem zur Teilchenvereinigung führenden Stoß eine momentane Änderung um eine endliche Größe von Koordinaten bei den „formellen" Teilchen feststellen; diese sind ein mathematisches Bild des zusammengeschlossenen Teilchens nach dem Stoß. Gegebenenfalls sind folglich nicht nur die Geschwindigkeiten, sondern auch die Koordinaten unstetige Funktionen der Zeit.

Die als Funktionen der Zeit t aufgefaßten Teilchenkoordinaten und -geschwindigkeiten sind Funktionen, welche eine abzählbare nirgends dichte Menge von Unstetigkeitsstellen besitzen.

Es seien

$$P_1, P_2, \ldots, P_n$$

die Teilchen eines Schwarmes, x_i, y_i, z_i die Koordinaten und x'_i, y'_i, z'_i die Geschwindigkeitskomponenten des Teilchens P_i. Nehmen wir nun $\nu = 6n$ an und führen einen ν-dimensionalen euklidischen Raum E^ν ein, welchen wir den Phasenraum des vorgegebenen Teilchenschwarmes nennen wollen. Im Raum E^ν betrachten wir die Bewegung einer Stelle $p(t)$, deren Koordinaten im Zeitpunkt t den Werten

$$x_1, y_1, z_1, x'_1, y'_1, z'_1, \ldots, x_\nu, y_\nu, z_\nu, x'_\nu, y'_\nu, z'_\nu$$

entsprechen. Da die Koordinaten und die Geschwindigkeiten sämtlicher Teilchen des Schwarmes nach oben beschränkt sind, so wird die Bewegung der Stelle $p(t)$ im Phasenraum E^ν eine finite sein. Doch wird die Phasenbahnkurve der Stelle $p(t)$ infolge der Unstetigkeit der als Funktionen der Zeit t angesehenen Teilchenkoordinaten und -geschwindigkeiten aus einer abzählbaren Anzahl von Stücken bestehen, von denen jedes die Strecke einer stetigen Kurve ist. Die Stelle $p(t)$ drückt durch ihre Bewegung im Phasenraum E^ν und durch die Gesetze dieser Bewegung einige Seiten der Entwicklung des in Betracht kommenden Teilchenschwarmes aus.

3. Die Untersuchung von Bewegungen einer Stelle $p(t)$ im Phasenraum E^ν erfordert eine vorläufige Einführung von einigen Begriffen. Zunächst ist der Begriff der „zeitlichen Wahrscheinlichkeit" eines Aufenthalts der sich bewegenden Stelle in dieser oder jener Menge von Phasenraumstellen einzuführen.

Betrachten wir eine beliebige Menge A im Raum E^ν. Wir wollen eine charakteristische Funktion dieser Menge einführen

$$\varphi_A(p) = \begin{cases} 1, \text{ falls } p \in A, \\ 0, \text{ falls } p \notin A. \end{cases}$$

Es sei I eine willkürliche positive Zahl. Betrachten wir eine Strecke $[0, T]$ auf der Zeitachse und bezeichnen wir mit Q eine Menge von denjenigen der Strecke $[0, I]$ zugehörigen Zeitpunkten, für welche die Bedingung

$$p(t) \in A$$

erfüllt ist. Ist die Menge Q meßbar, so existiert das Integral

$$T^* = \int_0^T \varphi_A(p(t))\, dt \tag{A3.1}$$

und ist dem Maß dieser Menge gleich.

Die Existenz des Integrales (A3.1) oder, was dasselbe ist, die Meßbarkeit der Menge Q kann unter sehr allgemeinen Voraussetzungen festgestellt werden. Fernerhin wird es jedoch notwendig sein, nur solche Fälle zu betrachten, wo A entweder eine offene oder eine abgeschlossene Menge ist, und wir werden uns auf den Beweis der Meßbarkeit der Menge Q für diese sehr einfachen Fälle beschränken.

Es sei also A eine offene Menge. Bezeichnen wir nun mit Q' diejenigen Stellen der Menge Q, in denen die Bewegung $p(t)$ stetig ist, und mit Q'' die Unstetigkeitsstellen dieser Bewegung; dann ist

$$Q = Q' \cup Q'';$$

da aber die Menge Q'' bei einem jeden T endlich ist, so ist

$$\operatorname{mes} Q'' = 0.$$

Wir wollen nun beweisen, daß Q' eine offene und daher eine meßbare Menge ist. Daraus ergibt sich trivialerweise die Meßbarkeit der Menge Q.

Es sei nun t_1 ein der Menge Q' zugehörender Zeitpunkt. Da $p(t) \in A$ und A eine offene Menge ist, so läßt sich ein $\varepsilon > 0$ angeben von der Art, daß

$$S(p(t), \varepsilon) \subset A.$$

Aus der Stetigkeit der Bewegung $p(t)$ im Punkte t_1 folgt, daß sich eine so kleine positive Zahl $\delta = \delta(\varepsilon)$ auswählen läßt, daß jedesmal

$$\varrho(p(t_1), p(t)) < \varepsilon,$$

wenn

$$|t - t_1| < \delta$$

ist. Wir haben dann aber unter denselben Bedingungen

$$p(t) \in S(p(t_1), \varepsilon) \subset A,$$

und dies bedeutet, daß ein die Umgebung des Punktes t_1 vom Radius δ auf der Zeitachse darstellendes Intervall $|t - t_1| < \delta$ in der Menge Q' enthalten ist; demnach ist Q' eine offene und folglich eine meßbare Menge. Ist nun A eine abgeschlossene Menge, so wird die Frage sehr einfach entschieden.

Es sei

$$A' = E^{\nu} \setminus A,$$

dann ist die Menge A' eine offene Menge. Bezeichnet man mit Q^* eine Menge von denjenigen t-Werten aus der Strecke $[0, T]$, für welche $p(t) \in A'$, so hat man

$$Q = [0, T] \setminus Q^*.$$

Dem Vorhergehenden gemäß ist aber Q^* eine meßbare Menge, daher ist Q eine meßbare Menge.

Es ist natürlich, das Verhältnis $\frac{T^*}{T}$ die „Relativzeit" des Aufenthalts einer Stelle $p(t)$ in der Menge A während des Zeitintervalls $[0, T]$ zu nennen. Es ist nun offensichtlich, daß

$$0 \leq \frac{T^*}{T} \leq 1 \tag{A3.2}$$

ist; aus der Formel (A3.1) folgt aber, daß

$$\frac{T^*}{T} = \frac{1}{T} \int_0^T \varphi_A(p(t))\, dt.$$

Strebt die „Relativzeit" des Aufenthalts einer Stelle $p(t)$ in der Menge A während des Intervalls $[0, T]$ bei $T \to \infty$ einem bestimmten Grenzwert zu, so werden wir diesen Grenzwert mit dem Symbol $P\{p(t) \in A\}$ bezeichnen und die zeitliche Wahrscheinlichkeit des Aufenthalts einer Stelle $p(t)$ in der Menge A nennen; so ist

$$P\{p(t) \in A\} = \lim_{T \to \infty} \frac{1}{T} \int_0^T \varphi_A(p(t))\, dt. \tag{A3.3}$$

Existiert der in der rechten Seite dieser Formel hingeschriebene Grenzwert nicht, so existieren doch infolge der Ungleichheit (A3.2) der obere und der untere Grenzwert zu jeder Zeit. Dies gibt uns die Möglichkeit, die obere Wahrscheinlichkeit $\overline{P}\{p(t)\in A\}$ und die untere Wahrscheinlichkeit $\underline{P}\{p(t)\in A\}$ des Aufenthalts einer Stelle $p(t)$ in der Menge A mit Hilfe der Formeln

$$\bar{P}\{p(t)\in A\} = \limsup_{T\to\infty} \frac{1}{T}\int_0^T \varphi_A(p(t))\,dt, \tag{A3.4}$$

$$\underline{P}\{p(t)\in A) = \liminf_{T\to\infty} \frac{1}{T}\int_0^T \varphi_A(p(t))\,dt \tag{A3.5}$$

zu definieren. Es ist nun augenscheinlich, daß die Ungleichheiten

$$0 \leq \underline{P}\{p(t)\in A\} \leq \overline{P}\{p(t)\in A\} \leq 1$$

gültig sind.

4. Wenden wir uns nun der Betrachtung von Grundeigenschaften der zeitlichen Wahrscheinlichkeiten zu.

Lemma 1. *Wenn eine Stelle $p(t)\in A$ bei allen $t \geq 0$, so ist*

$$P\{p(t)\in A\} = 1.$$

In dem in Betracht kommenden Fall ist nun tatsächlich bei sämtlichen $t \geq 0$

$$\varphi_A(p(t)) = 1.$$

Dann haben wir aber bei einem jeden $T > 0$

$$\frac{1}{T}\int_0^T \varphi_A(p(t))\,dt = 1.$$

Wenn wir zum Grenzwert bei $T \to +\infty$ übergehen, werden wir das Lemma bewiesen haben.

Lemma 2. *Ist $\overline{P}\{p(t)\in A\} = 0$, so ist auch $P\{p(t)\in A\} = 0$.*
Unter den Lemmabedingungen finden die Ungleichheiten

$$0 \leq \underline{P}\{p(t)\in A\} \leq \overline{P}\{p(t)\in A\} = 0$$

statt, d. h.

$$\underline{P}\{p(t)\in A\} = 0,$$

$$\overline{P}\{p(t)\in A\} = 0.$$

Dies aber bedeutet, daß

$$P\{p(t) \in A\} = 0$$

ist.

Lemma 3. *Wenn* $A \subset B$, *so ist* $\overline{P}\{p(t) \in A\} \leq \overline{P}\{p(t) \in B\}$.

In der Tat ist $A \subset B$, so ist

$$\varphi_A(p) \leq \varphi_B(p);$$

demnach ist nun

$$\frac{1}{T}\int_0^T \varphi_A(p(t))\,dt \leq \frac{1}{T}\int_0^T \varphi_B(p(t))\,dt.$$

Wenn wir auf der linken und rechten Seite der Ungleichheit bei $T \to +\infty$ zum oberen Grenzwert übergehen, werden wir das Lemma bewiesen haben.

Folgerung. Ist $\overline{P}\{p(t) \in A\} > 0$, so ist $\overline{P}\{p(t) \in B\} > 0$.

Lemma 4. *Ist* $A \subset B$, *so ist* $P\{p(t) \in A\} \leq P\{p(t) \in B\}$, *falls nur diese Wahrscheinlichkeiten existieren.*

Der Beweis dieses Lemmas ist dem des Lemmas 3 analog.

Folgerung 1. Wenn $P\{p(t) \in B\} = 0$ ist, so ist $P\{p(t) \in A\} = 0$.

Folgerung 2. Wenn $P\{p(t) \in A\} = 1$ ist, so ist $P\{p(t) \in B\} = 1$.

Lemma 5. *Ist* $A_1, A_2, \ldots, A_n$ *eine endliche Gesamtheit von Stellenmengen im Phasenraum, so ist*

$$P\left\{p(t) \in \bigcup_{i=1}^{n} A_i\right\} \leq \sum_{i=1}^{n} P\{p(t) \in A_i\}.$$

Es sei

$$A = \bigcup_{i=1}^{n} A_i;$$

dann ist offenbar, daß

$$\varphi_A(p) \leq \sum_{i=1}^{n} \varphi_{A_i}(p)$$

ist; daher ist nun

$$\frac{1}{T}\int_0^T \varphi_A(p(t))\,dt \leq \sum_{i=1}^{n} \frac{1}{T}\int_0^T \varphi_{A_i}(p(t))\,dt.$$

Wenn wir nun zum Grenzwert bei $T \to +\infty$ übergehen, werden wir das Lemma bewiesen haben.

Folgerung. Ist $P\{p(t) \in A_i\} = 0 \quad (i = 1, 2, \ldots, n)$, so ist

$$P\left\{p(t) \in \bigcup_{i=1}^{n} A_i\right\} = 0.$$

Lemma 6. *Ist* $A_1, A_2, \ldots, A_n$ *eine endliche Gesamtheit von Stellenmengen im Phasenraum, welche, paarweise genommen, keine gemeinschaftlichen Stellen besitzen, so ist*

$$P\left\{p(t) \in \bigcup_{i=1}^{n} A_i\right\} = \sum_{i=1}^{n} P\{p(t) \in A_i\}.$$

Nehmen wir

$$A = \bigcup_{i=1}^{n} A_i$$

an, so haben wir unter den Lemmabedingungen

$$\varphi_A(p) = \sum_{i=1}^{n} \varphi_{A_i}(p);$$

daher ist

$$\frac{1}{T}\int_0^T \varphi_A(p(t))\,dt = \sum_{i=1}^{n} \frac{1}{T}\int_0^T \varphi_{A_i}(p(t))\,dt.$$

Wenn wir zum Grenzwert bei $T \to +\infty$ übergehen, werden wir das Lemma bewiesen haben.

Folgerung 1. Wenn A und B zwei keine gemeinschaftlichen Stellen besitzenden Mengen sind und wenn $P\{p(t) \in A \cup B\} = 1$, $P\{p(t) \in A\} = 0$ ist, so ist $P\{p(t) \in B\} = 1$.

Folgerung 2. Wenn A und B zwei keine gemeinschaftlichen Stellen besitzenden Mengen sind und wenn $P\{p(t) \in A \cup B\} = 1$, $P\{p(t) \in A\} = 1$ ist, so ist $P\{p(t) \in B\} = 0$.

Die beiden Folgerungen werden leicht a contrario bewiesen.

5. Bezeichnen wir mit L eine Menge von Stellen der Gestalt $p(t)$ für alle $t \geq 0$. Es seien p^* eine beliebige Stelle der Menge L und ε eine willkürliche positive Zahl. Wir werden die Stelle p^* eine ε-Rücktreffstelle nennen, wenn sich ein $t_1 > T$ bei einem jeden $T > 0$ angeben läßt von der Art, daß

$$\varrho(p^*, p(t_1)) < \varepsilon$$

ist. Wir wollen nun bemerken, wenn diese Bedingung bei einem jeden $\varepsilon > 0$ erfüllt ist, die Stelle p^* eine Rücktreffstelle im Sinne von Definitionen des Kapitels II ist.

Bezeichnen wir mit $M(\varepsilon)$ eine Menge sämtlicher ε-Rücktreffstellen aus L und mit $N(\varepsilon)$ eine Menge aller übrigen Stellen von L; dann ist

$$M(\varepsilon) \cup N(\varepsilon) = L. \tag{A3.6}$$

Wir werden sagen, daß die Bewegung $p(t)$ rekurrent der Wahrscheinlichkeit nach ist, wenn bei einem jeden positiven ε-Wert

$$P\{p(t) \in M(\varepsilon)\} = 1$$

ist.

Eine jede periodische und rekurrente (im Sinne des Kapitels II) Bewegung wird offenbar ebenfalls rekurrent der Wahrscheinlichkeit nach sein. Dies sind jedoch nur Spezialfälle einer allgemeineren Klasse der nach der Wahrscheinlichkeit rekurrenten Bewegungen. Eine nichtrekurrente Bewegung (im Sinne des Kapitels II), deren Regime sich der rekurrenten nähert, z. B. die Bewegung auf der Spirale, die sich auf eine abgeschlossene Kurve asymptotisch aufwickelt, wird eine der Wahrscheinlichkeit nach rekurrente Bewegung sein.

Wir wollen um jede Stelle der Menge $N(\varepsilon)$ eine Umgebung vom Radius $\varepsilon/2$ beschreiben. Wir bekommen hierdurch ein unendliches System $\{G\}$ der die Menge $N(\varepsilon)$ bedeckenden Umgebungen. Die Bewegung $p(t)$ ist der Annahme nach eine finite; demnach ist nun die Menge $N(\varepsilon)$ beschränkt. Dann läßt sich aber ein endliches Untersystem von Umgebungen aus dem System $\{G\}$ aussondern

$$G_1, G_2, \ldots, G_k,$$

welches die Menge $N(\varepsilon)$ ebenfalls bedeckt. Dann ist

$$N(\varepsilon) \subset \bigcup_{i=1}^{k} G_i. \qquad \text{(A3.7)}$$

Nach der Definition der Menge $N(\varepsilon)$ haben wir

$$P\{p(t) \in G_i\} = 0$$

bei einem jeden $i = 1, 2, \ldots, k$. Dann ist aber nach der Folgerung aus dem Lemma 5

$$P\left\{p(t) \in \bigcup_{i=1}^{k} G_i\right\} = 0.$$

Aus der Relation (A3.7) und aus der Folgerung des Lemmas 4 geht nun hervor

$$P\{p(t) \in N(\varepsilon)\} = 0;$$

und da

$$P\{p(t) \in L\} = 1$$

ist, finden wir aus der Relation (A3.6) und aus der Folgerung vom Lemma 6:

$$P\{p(t) \in M(\varepsilon)\} = 1.$$

Unsere Betrachtungen hängen vom ε-Wert nicht ab, sie gelten für ein jedes $\varepsilon > 0$. Dies aber bedeutet, daß die Bewegung $p(t)$ rekurrent der Wahrscheinlichkeit nach ist, und somit ist der Satz bewiesen.

6. Eine abgeschlossene Menge W werden wir das Anziehungszentrum einer Bewegung $p(t)$ nennen, wenn bei einem jeden $\varepsilon > 0$

$$P\{p(t) \in S(W, \varepsilon)\} = 1$$

ist.

Läßt die Menge W keine wahre Untermenge zu, welche das Anziehungszentrum der Bewegung $p(t)$ ist, so heißt W das *minimale Anziehungszentrum* dieser Bewegung.

Satz A3.1. *Ist die Bewegung $p(t)$ finit, so existiert nur eine einzige Menge W, welche das minimale Anziehungszentrum dieser Bewegung ist.*

Die Bewegung $p(t)$ ist finit; deshalb läßt sich eine abgeschlossene Sphäre $\bar{S}(R)$ mit dem Mittelpunkt im Koordinatenursprung des Phasenraumes und von solch großem Radius R angeben, daß $p(t) \in \bar{S}(R)$ bei allen $t \geq 0$. Dann ist gemäß dem Lemma 1

$$P\{p(t) \in \bar{S}(R)\} = 1. \tag{A3.8}$$

Eine Stelle $r \in \bar{S}(R)$ werden wir die Stelle der kinematischen Dichtigkeit der Bewegung $p(t)$ nennen, wenn bei einem jeden $\varepsilon > 0$

$$\bar{P}\{p(t) \in S(r, \varepsilon)\} > 0 \tag{A3.9}$$

ist.

Wir wollen nun zeigen, daß sich in der Sphäre $\bar{S}(R)$ wenigstens eine Stelle der kinematischen Dichtigkeit der Bewegung $p(t)$ angeben läßt. Wäre das nicht der Fall, so könnte man ein $\varepsilon_r > 0$ für eine jede Stelle $r \in \bar{S}(R)$ angeben von der Art, daß

$$\bar{P}\{p(t) \in S(r, \varepsilon_r)\} = 0;$$

dann wäre aber infolge des Lemmas 2

$$P\{p(t) \in S(r, \varepsilon_r)\} = 0. \tag{A3.10}$$

Wenn wir um jede Stelle der Sphäre $\bar{S}(R)$ eine derartige Umgebung beschreiben, so erhalten wir ein System $\mathfrak{M}$ der diese Sphäre bedeckenden offenen Mengen. Die Sphäre $\bar{S}(R)$ ist aber eine kompakte Menge, deshalb läßt sich ein endliches Untersystem $\mathfrak{M}^*$ von den die Sphäre $\bar{S}(R)$ bedeckenden Umgebungen

$$S_1, S_2, \ldots, S_N$$

aus dem System $\mathfrak{M}$ aussondern, d. h. von der Art, daß

$$\bigcup_{i=1}^{N} S_i \supset \bar{S}(R).$$

Aus der Gleichheit (A3.10) folgt nun, daß

$$P\{p(t) \in S_i\} = 0$$

bei einem jeden $i = 1, 2, \ldots, N$ ist. Dann haben wir nach der Folgerung aus dem Lemma 5

$$P\left\{p(t) \in \bigcup_{i=1}^{N} S_i\right\} = 0,$$

und daraus finden wir nach der Folgerung 1 aus dem Lemma 4 seinerseits:

$$P\{p(t) \in \bar{S}(R)\} = 0,$$

was der Formel (A3.8) widerspricht.

Wir bezeichnen mit W eine Menge aller Stellen der kinematischen Dichtigkeit, welche in $\bar{S}(R)$ enthalten sind. Wir wollen nun zeigen, daß W eine abgeschlossene Menge ist. Es sei q eine Limesstelle für W; wie klein auch eine Zahl $\eta > 0$ sein mag, es läßt sich dann eine Stelle q' herausfinden von der Art, daß

$$q' \in W,$$

$$q' \in S(q, \eta).$$

Wir wollen nun um die Stelle q' eine Umgebung $S(q', \eta')$ von einem so kleinen Radius η' beschreiben, daß

$$S(q', \eta') \subset S(q, \eta).$$

Aus der Tatsache, daß $q' \in W$, folgt nun

$$P\{p(t) \in S(q, \eta)\} > 0;$$

dies aber bedeutet, daß $q \in W$, und folglich ist W eine abgeschlossene Menge.

Wir wollen nun beweisen, daß W das Anziehungszentrum der Bewegung $p(t)$ ist. Wir wählen eine willkürliche positive Zahl ε aus, beschreiben um die Menge W eine Umgebung $S(W, \varepsilon)$ vom Radius ε und betrachten eine beschränkte abgeschlossene Menge

$$\bar{S}(R) \setminus \bar{S}(R) \cap S(W, \varepsilon).$$

Keine Stelle r, welche dieser Menge angehört, kann die Stelle der kinematischen Dichtigkeit der Bewegung $p(t)$ sein. Für eine jede Stelle $r \in \bar{S}(R) \setminus \bar{S}(R) \cap S(W, \varepsilon)$ läßt sich demnach eine positive Zahl ε_r angeben von der Art, daß

$$P\{p(t) \in S(r, \varepsilon_r)\} = 0 \tag{A3.11}$$

ist. Wenn wir um eine jede Stelle $r \in \bar{S}(R) \setminus \bar{S}(R) \cap S(W, \varepsilon)$ eine Umgebung vom Radius ε_r beschreiben, erhalten wir ein System $\mathfrak{N}$ von offenen Mengen, welche $\bar{S}(R) \setminus \bar{S}(R) \cap S(W, \varepsilon)$ bedecken. Die letztere ist aber eine kompakte Menge; daher läßt sich ein endliches Untersystem $\mathfrak{N}^*$ von den die Menge $\bar{S}(R) \setminus \bar{S}(R) \cap S(W, \varepsilon)$ bedeckenden Umgebungen

$$S'_1, S'_2, \ldots, S'_{N'}$$

aus dem System $\mathfrak{N}$ aussondern, d. h. von der Art, daß

$$\bigcup_{i=1}^{N} S'_i \supset \bar{S}(R) \setminus \bar{S}(R) \cap S(W, \varepsilon). \tag{A3.12}$$

Auf Grund der Beziehung (A3.12) kann man behaupten, daß für ein jedes $i = 1, 2, \ldots, N'$

$$P\{p(t) \in S_i'\} = 0$$

ist; dann hat man aber nach der Folgerung aus dem Lemma 5

$$P\{p(t) \in \bigcup_{i=1}^{N'} S_i'\} = 0.$$

Daraus finden wir nach der Folgerung 1 aus dem Lemma 4

$$P\{p(t) \in [\bar{S}(R) \setminus \bar{S}(R) \cap S(W, \varepsilon)]\} = 0.$$

Fernerhin erhalten wir, indem wir die Folgerung 1 aus dem Lemma 6 anwenden:

$$P\{p(t) \in \bar{S}(R) \cap S(W, \varepsilon)\} = 1.$$

Wenn wir die Relation

$$\bar{S}(R) \cap S(W, \varepsilon) \subset S(W, \varepsilon)$$

und die Folgerung 2 aus dem Lemma 4 berücksichtigen, so finden wir schließlich

$$P\{p(t) \in S(W, \varepsilon)\} = 1.$$

Dies bedeutet aber, daß W das Anziehungszentrum der Bewegung $p(t)$ ist.

Uns bleibt nun zu zeigen übrig, daß W das minimale Anziehungszentrum der Bewegung $p(t)$ ist. Nehmen wir das Entgegengesetzte an, d. h., daß eine Menge W' existiert, welche ein wahrer Teil von W und zugleich das Anziehungszentrum der Bewegung $p(t)$ ist. Wählen wir ein $\varepsilon' > 0$ so klein aus, daß außerhalb der Umgebung $S(W', 3\varepsilon')$ die der Menge W angehörigen Stellen liegen. Es sei $W'' = W \setminus S(W', 3\varepsilon')$, und betrachten wir die Mengen $S(W', \varepsilon')$ und $S(W'', \varepsilon')$. Der Konstruktion nach besitzen diese Mengen keine gemeinschaftlichen Stellen; dann ist

$$P\{p(t) \in S(W, \varepsilon')\} = 1,$$

$$P\{p(t) \in S(W', \varepsilon')\} = 1;$$

demnach hat man aber nach der Folgerung 2 aus dem Lemma 6

$$P\{p(t) \in S(W, \varepsilon') \setminus S(W', \varepsilon')\} = 0.$$

Da aber

$$S(W'', \varepsilon') \subset S(W, \varepsilon') \setminus S(W', \varepsilon'),$$

so hat man nach der Folgerung 1 aus dem Lemma 4

$$P\{p(t) \in S(W'', \varepsilon')\} = 0.$$

Ist das der Fall, so enthält keine Stelle der Menge W'' die Stellen der kinematischen Dichtigkeit der Bewegung $p(t)$; und weiter ist $W \cap W'' = 0$. Dies ist aber widersprüchlich, da $W'' \subset W$. Der Satz ist nun bewiesen.

7. Wir wollen nun auf einen Schwarm der meteorischen Staubmaterie zurückgehen und untersuchen, welche physikalischen Schlußfolgerungen über dessen Entwicklung man auf Grund der oben bewiesenen Lehrsätze zu ziehen vermag. Ist der Schwarm stabil (d. h., sind die räumlichen Ausmaße desselben begrenzt) und finden in demselben keine Zusammenstöße statt, so haben wir eine rein mechanische Evolution, die jeder Tendenz bar ist. In diesem Fall ist nun der Satz A3.2 von Poincaré — Carathéodory auf die Bewegung eines Systems von den den Schwarm bildenden Teilchen anwendbar.

Satz A3.2 (H. Poincaré — C. Carathéodory). *Ist $A \subset E^\nu$ eine Menge von endlichem Maß, welche bei $t \to +\infty (t \to -\infty)$ invariant ist und ein invariantes Maß besitzt, so sind sämtliche Stellen der Menge A, mit Ausnahme vielleicht einer Menge vom Maß Null, Rücktreffstellen bei $t \to +\infty (t \to -\infty)$.*

Daraus folgt, daß das in Betracht kommende dynamische System und demnach auch die Phasenstelle $p(t)$ mit der der Einheit gleichen Wahrscheinlichkeit bei seiner Bewegung in eine beliebige kleine Umgebung von einem jeden, schon einst durchlaufenen Zustand zurückkehren wird. Die Phasenbahnkurve der Stelle $p(t)$ wird rekurrent bei $t \to +\infty$ sein.

Von welcher Art jedoch ist nun die Bewegung der Stelle $p(t)$ im Phasenraum unter der Bedingung oft vorkommender unelastischer Zusammenstöße der Schwarmteilchen zu erwarten? In diesem Fall nimmt die mechanische Energie des Schwarmes ab; deshalb müssen der Bewegungscharakter der Teilchen und die räumliche Verteilung der Materie in dem Schwarm sich gerichtet und unumkehrbar verändern. In der Sprache von Phasenbewegungen der Stelle $p(t)$ bedeutet dies, daß dieselbe eine gewisse Umgebung eines jeden früher durchlaufenen Zustands verlassen wird. Durch die Ausmaße dieser Umgebungen kann man einigermaßen den Unumkehrbarkeitsgrad der Schwarmzustandsänderungen messen, und je größer die Ausmaße derselben sind, um so effektiver sind die Konsequenzen der Zusammenstöße. Und dies muß solange dauern, bis die Zusammenstöße hinreichend häufig und deren Konsequenzen bedeutsam genug sind.

Andererseits soll die Bewegung $p(t)$, obwohl sie nicht rekurrent ist, nach Satz (5.1) rekurrent der Wahrscheinlichkeit nach sein. Dies bedeutet, daß das Bewegungsverhalten der Stelle $p(t)$ mit mehr und mehr zunehmendem Annäherungsgrad ein angenähert rekurrentes sein wird, oder mit anderen Worten, es strebt die Bewegung der Stelle $p(t)$ dem rekurrenten Verhalten asymptotisch (im Sinne der zeitlichen Wahrscheinlichkeit) zu. Ausrichtungs- und Unumkehrbarkeitsgrad der Änderungen im Schwarm sollen in dem Zeitablauf schwächer werden, diese Änderungen bekommen in zunehmendem Grad den Charakter der unausgerichteten. Das Vorhandensein des minimalen Anziehungszentrums für die Bewegung $p(t)$ erweist sich als ein anderer Ausdruck desselben Vorgangs. Durch das minimale Anziehungszentrum wird diejenige Grenzform bestimmt, der die Bewegung $p(t)$ mit der der Einheit gleichen Wahrscheinlichkeit zustrebt.

Ein derartiges Bild ist jedoch unmöglich, wenn in dem Schwarm die Bedingungen beibehalten werden, unter denen die schnell aufeinanderfolgenden und effektiven Zusammenstöße vorkommen, d. h., wenn der den ausgerichteten Änderungscharakter des Schwarmes unterstützende Vorgang erhalten wird. Dies führt uns zu der Schlußfolgerung, daß sich die Rolle von Zusammenstößen, deren Häufigkeit und allgemeine Wirksamkeit mit dem Zeitablauf verringern müssen. Dies ist nun unter gleichzeitiger Verwirklichung folgender beider Vorgänge, deren relative Bedeutung unter verschiedenen konkreten Bedingungen verschieden sein kann, möglich:

1) Die Bewegungen der Schwarmteilchen werden wohlgeordnet, d. h. von der Art, daß die Möglichkeit der Teilchenzusammenstöße ausgeschlossen oder minderwahrscheinlich wird;

2) es kommt die Vereinigung einer großen Anzahl der kleinen Teilchen zu einer wesentlich geringeren Anzahl von größeren Körpern vor, infolgedessen verschwindet die Möglichkeit der häufigen Zusammenstöße, oder es hören dieselben ganz und gar auf.

Alles Gesagte führt uns zu der Schlußfolgerung, daß die unelastischen Zusammenstöße in einem stabilen Schwarm zur „Organisation“ dieses Schwarmes führen, d. h., sie erzeugen solche Vorgänge und solche Bewegungen, die den Schwarm in ein System von Körpern mit wohlgeordneten Bewegungen verwandeln, welche die Zusammenstöße ausschließen oder deren Wahrscheinlichkeit verringern.

LITERATURVERZEICHNIS

ALEXANDROW, P. S., Einführung in die Funktionentheorie und Mengenlehre, Gostechisdat, Moskau/Leningrad 1948. Russisch.

BIRKHOFF, G. D., Dynamical Systems, 1927.

—, Hydrodynamics, 1955.

BRIDGEMAN, P., Dimensional Analysis, 1931.

CARATHÉODORY, C., Über den Wiederkehrsatz von Poincaré, Sitzber. Preuss. Akad. *32* (1919).

CHANDRASEKHAR, S., Principles of Stellar Dynamics, Yerkes Observatory, 1942.

CHAZY, J., Sur l'allure finale du mouvement dans le problème des trois corps quand le temps croit indefiniment, J. l'École Normale Supérieure, 3. sér., (1922).

—, Sur l'allure du mouvement dans le problème des trois corps, J. mathém. pures et appl. *8* (1929).

—, Sur l'allure du mouvement dans le problème des trois corps, Bull. astron., 2. sér., *8* (1932).

CHILMI, H. F., Eine Verschärfung des Poincaréschen Wiederkehrsatzes, Comp. Math. *1* (1934).

—, Sur les centres d'attraction minimaux des systèmes dynamiques, Comp. Math. *3* (1936).

—, Sur les théorèmes de récurrence dans la dynamique générale, Amer. J. Math. *61* (1939).

—, Über die Möglichkeit des Einfangs im Dreikörperproblem, Dokl. AN SSSR *62* (1948). Russisch.

—, Der Virialsatz in der Himmelsmechanik, Dokl. AN SSSR *70* (1950). Russisch.

—, Die Entwicklung eines Systems gravitierender Körper bei unelastischen Stößen, Dokl. AN SSSR *77* (1951). Russisch.

—, Über ein Kriterium der Nichtauflösbarkeit des Einfangs im Dreikörperproblem, Dokl. AN SSSR *78* (1951). Russisch.

—, Über völlig instabile Systeme von *n* gravitierenden Körpern, Dokl. AN SSSR *79* (1951). Russisch.

—, Das *n*-Körperproblem in der Himmelsmechanik und Kosmogonie, Verlag der Akademie der Wissenschaften der UdSSR, Moskau 1951. Russisch.

CHINTSCHIN, A. J., Mathematische Grundlagen der statistischen Mechanik, Gostechisdat, Moskau/Leningrad 1943. Russisch.

CHRAPOWIZKAJA, G. E., Über einen Fall des Einfangs im Dreikörperproblem, Bull. des ITA *5*, Nr. 7 (70), (1953). Russisch.

DUBOSCHIN, G. N., Einführung in die Himmelsmechanik, Gostechisdat, Moskau/Leningrad 1938. Russisch.

GUREWITSCH, L. E., u. LEBEDINSKI, A. S., Über die Bildung der Planeten, Mitt. Akad. Wiss. UdSSR, phys. Reihe, *14*, Nr. 6, (1950).

—, u. LEWIN, B. S., Über die Bildung der Doppelsterne, Astron. Journ. UdSSR *27* (1959). Russisch.

HAUSDORFF, F., Mengenlehre, Walter de Gruyter, Berlin 1927.

HOPF, E., Zwei Sätze über den wahrscheinlichen Verlauf der Bewegungen dynamischer Systeme, Math. Ann. *103* (1930).

JACOBI, C., Vorlesungen über Dynamik, 1884.

KOTSCHINA, N. G., Beispiele der hyperbolischen und hyperbolisch-elliptischen Bewegung im eingeschränkten, hyperbolischen Dreikörperproblem, Bull. des ITA *5*, No. 7 (70), (1953). Russisch.

—, Beispiel der Bewegung im eingeschränkten parabolischen Dreikörperproblem, Bull. des ITA *5*, No. 9 (72), (1954). Russisch.

MERMAN, G. A., Über ein Kriterium der Realisierbarkeit der hyperbolisch-elliptischen Bewegung im Dreikörperproblem, Dokl. AN SSSR *85* (1952). Russisch.

—, Neue Kriterien der hyperbolischen und hyperbolisch-elliptischen Bewegungen im Dreikörperproblem, Astron. Journ. UdSSR *30* (1953). Russisch.

—, Über die hinreichenden Bedingungen für den Einfang im eingeschränkten hyperbolischen Dreikörperproblem bei engen doppelten Annäherungen, Bull. des ITA *5*, No. 6 (69), (1953). Russisch.

—, Beispiel des Einfangs im ebenen eingeschränkten hyperbolischen Dreikörperproblem, Bull. des ITA *5*, N. 6 (69), (1953). Russisch.

—, Zur Frage der Untersuchungen von Chazy im Dreikörperproblem, Bull. des ITA *5*, No. 9 (72), (1945). Russisch.

—, Das eingeschränkte hyperbolische Dreikörperproblem, Bull. des ITA *5*, No.9 (72), (1954). Russisch.

—, Ein neues Kriterium der hyperbolischen Bewegung im Dreikörperproblem, Bull. des ITA *6*, No. 2 (75), (1955). Russisch.

—, Hyperbolische Näherungen im Dreikörperproblem, Bull. des ITA *6*, No. 2 (75), (1955). Russisch.

—, u. KOTSCHINA, N. G., Anwendung des Abschätzungsverfahrens auf das Beispiel von O. J. Schmidt, Bull. des ITA *6*, No. 2 (75), (1955). Russisch.

MOULTON, F. R., An introduction to celestial mechanics, 1902.

NEWTON, I., Philosophiae naturalis principia mathematica, London 1687.

OGORODNIKOW, K. TH., Die Grundzüge der Dynamik rotierender Sternsysteme, Usp. astron. nauk *4* (1948). Russisch.

PARENAGO, P. P., Lehrbuch der Stellarastronomie (2. Aufl.), Gostechisdat, Moskau/Leningrad 1946. Russisch.

PROSKURIN, V. TH., Zur Frage des Einfangs im Beispiel von O. J. Schmidt, Bull. des ITA *5*, No. 7 (70), (1953). Russisch.

POINCARÉ, H., Les méthodes nouvelles de la mécanique céleste, t. III, 1899.

—, Leçons sur les hypothèses cosmogoniques, 1913.

SCHMIDT, O. J., Über die Möglichkeit des Einfangs in der Himmelsmechanik, Dokl. AN SSSR *58* (1947). Russisch.

—, Die Entstehung der Planeten und ihrer Trabanten, Isw. AN SSSR, phys. Reihe, *14*, No. 1, (1950). Russisch.

—, Vier Vorlesungen über die Theorie der Entstehung der Erde, Verlag der Akademie der Wissenschaften der UdSSR, Moskau 1951. Russisch.

—, u. CHILMI, H. F., Das Einfangsproblem im Dreikörperproblem, Usp. matem. nauk *3*, No. 64 (26), (1948). Russisch.

SEDOW, L. I., Ähnlichkeits- und Dimensionsmethoden in der Mechanik, Gostechisdat, Moskau 1954. Russisch.

SISOWA, O. A., Über die Möglichkeit des Einfangs im eingeschränkten Dreikörperproblem, Dokl. AN SSSR *86* (1952). Russisch.

SITNIKOW, K. A., Über die Möglichkeit des Einfangs im Dreikörperproblem, Matemat. sborn. (Neue Reihe) *32* (74), No. 3, (1953). Russisch.

STEPANOW, W. W., u. NEMYZKI, W. W., Qualitative Theorie der Differentialgleichungen, Gostechisdat, Moskau/Leningrad 1949. Russisch.

SVESHNIKOW, A., Einführung in die analytische Himmelsmechanik, 1916.

Bedeutung einiger für die Quellenangaben eingeführten Abkürzungen

Astron. Journ.	=	Russian Astronomical Journal
Bull. des ITA	=	Bulletin des Institutes für theoretische Astronomie
Dokl. AN SSSR	=	Comptes rendus de l'Académie de Sciences de l'URSS
Isw. AN SSSR	=	Nachrichten der Akademie der Wissenschaften der UdSSR
Matemat. sborn.	=	Archiv für Mathematik
Usp. matem. nauk	=	Fortschritte der mathematischen Wissenschaften (Advances in Mathematical Study)
Usp. astron. nauk	=	Fortschritte der astronomischen Wissenschaften (Advances in Astronomical Study)

Die genauen Benennungen der betreffenden Publikationen sind im Astronomischen Jahresbericht zu finden. Ebendort schlage man auch die genauen Abhandlungstitel nach.
Um die Aufsuchung zu erleichtern, werden die vollen russischen Benennungen der Zeitschriften und anderer Veröffentlichungen angegeben:

Astron. Journ.	=	Astronomiĉeskij Ẑurnal
Dokl. AN SSSR	=	Doklady Akademii Nauk SSSR
Isw. AN SSSR	=	Iswestija Akademii Nauk SSSR
Bull. des ITA	=	Bjulletenj Instituta teoreticeskoj astronomii
Matemat. sborn.	=	Matematiueskij Sbornik
Usp. astron. nauk	=	Uspechi astronomiĉeskich nauk
Usp. matem. nauk	=	Uspechi matematiĉeskich nauk

NAMEN- UND SACHVERZEICHNIS

Berichtigungen

Seite 18, Formel (1.19): statt J lies I

Seite 34, Zeile 4 v. o.: statt $(\delta_i\,(\tau) \geq \ldots$ lies $(\delta_i(\tau) - \varphi_i(\tau) \geq \ldots$

Seite 38, 3. Formel v. u.: statt ϱ lies ϱ^2

Seite 39, Formel (3.28): statt ϱ lies ϱ^2

Seite 43, 1. Formel v. o.: statt $\bar{r}\,(0)$ lies $\bar{r}'(0)$

Seite 43, 4. Formel v. o.: statt $\int\limits_0^t [\bar{r} - \bar{r}\,(0)]\,dt$ lies $\int\limits_0^t [\bar{r} - \bar{r}'(0)]\,dt$

Seite 43, 7. Formel v. o.: statt $+\,t^2$ lies $+\,\varepsilon^2\,t^2$

Seite 60, Zeile 16 v. o.: statt $t' > G$ lies $t' > T$

Seite 60, Zeile 8 v. u.: statt $I > 0$ und $t' > I$ lies $T > 0$ und $t' > T$

Seite 62, Zeile 3 v. o.: statt $t' > G$ lies $t' > T$

Seite 63, Zeile 9 v. u.: statt mes $\mathfrak{M} < 0$ lies mes $\mathfrak{M} > 0$

Seite 70, 5. Formel v. u.: statt $S\,(f(p_*, t''))$ lies $S\,(f(p_*, t''),\,\varepsilon)$

Seite 71, Zeile 6 v. u.: statt $t \to +\infty$ lies $t \to -\infty$

Seite 78, Zeile 21 und 22 v. o.: statt I lies T

Seite 81, Zeile 1 v. o.: statt I lies T

Seite 82, 1. Formel v. o.: statt $\frac{d^2 J}{dt^2}$ lies $\frac{d^2 J^2}{dt^2}$

Seite 86, Zeile 10 v. u.: statt I lies T

Seite 87, Zeile 11 und 10 v. u.: statt I lies T

